두뇌 자극 몸 놀이 지침서

| 일러두기 |

이 책에서는 아이의 연령을 발달 단계에 따라 다음과 같이 구분하고 만 나이로 표기하였습니다.
- 유아기: 1세(12개월) ~ 3세 11개월(47개월)
- 학령전기 : 4세(48개월) ~ 6세 11개월(83개월)
- 초기 학령기 : 7세(84개월) ~ 8세(96개월)

1세부터 8세까지 연령별 감각 놀이 140

두뇌 자극 몸 놀이 지침서

감각통합치료사 송우진, 이승민, 정다효 지음

SOULHOUSE

아이들의 건강한 발달을 위한 교육
그 자체인 감각 놀이

주위의 아이들을 둘러보면 작은 일에 쉽게 좌절하고 낯선 곳에 적응하는 데 유독 어려움이 있는 경우가 많습니다. 부모는 내 아이를 회복탄력성이 높고 환경에 대한 적응력이 큰 아이로 키우고 싶은데 이런 모습을 보면 힘이 빠질 때가 있지요.

뇌는 우선 경험을 통해 학습하고 일반적인 다른 수단을 통해 학습하도록 구조화되어 있습니다. 특히 어린아이일수록 신체적으로 자극을 받을 수 있는 환경에서 신체적 도전을 끊임없이 해야 합니다. 그런데 과연 요즘 우리 아이들의 24시간 중에 이런 시간이 얼마나 될까요? 아이들의 하루는 생각보다 바빠서 즐겁고 자유롭게 신체를 움직이는 경험을 할 수 있는 시간이 부족하고 신체 놀이를 경험할 수 있는 공간도 점점 줄고 있습니다. 이러한 제약으로 인해 아이들은 신체활동을 통한 즐거움을 잃어가고 있습니다.

아이들이 감각 놀이를 할 때 뇌의 움직임은 특정 부위에서 독립적으로 나타나기보다는 분산된 네트워크에 의해 전반적으로 활성화됩니다. 즉 감각 놀이는 단순히 재미를 넘어 운동 발달뿐만 아니라 언어 발달과 인지 발달을 이끌고 더 나아가 사회성 발달에도 도움을 줍니다. 따라서 아이가 발달 단계에 맞는 적절한 놀이를 하는 것은 그 어떤 수업보다 가장 효과적인 교육 그 자체가 되는 셈입니다.

이 책은 아이의 발달을 연령별로 다루고 해당 시기에 필요한 발달과업을 이루는 데 도움이 되는 다양한 감각 놀이를 소개하고 있습니다. 더불어 발달 전문가인 감각통합치료사 선생님들의 자세한 조언을 통해 이 책을 읽는 독자가 해당 발달 시기에 아이를 제대로 이해할 수 있도록 돕습니다. 이 책의 발달 로드맵을 한 단계씩 따라가다 보면 자연스럽게 아이는 신체활동의 즐거움을 누리고, 부모는 아이의 두뇌 발달에 대한 방향성이 보일 것입니다.

특별한 우리 아이들이 다양한 감각을 자극하는 놀이를 통해 건강한 발달을 할 수 있게, 그리고 그 안에서 '진짜 재미'를 느낄 수 있게, 놀이하는 아이들을 따뜻한 눈으로 지켜봐주세요. 이 책과 함께 아이의 두뇌를 키우고 놀이의 기쁨을 찾는 즐거운 육아를 하시기 바랍니다.

연세대학교 작업치료학과 교수
김종배

두뇌 자극에 도움이 되는 몸 놀이 레시피

우리는 평소 잘 아는 것 같지만 명쾌하지 않고, 잘할 수 있다고 생각했지만 마주한 어려움을 푸는 실마리를 찾지 못할 때가 종종 있습니다. 저의 경우 '아이를 키우는 것'이 그랬습니다. 작업치료학을 전공하여 뇌의 성장과 아동 발달에 대한 이론적 지식을 갖고 있으니 나름 잘할 수 있다고 생각했으나 아이를 키우면서 마주하는 고민과 어려움은 다른 부모님과 크게 다르지 않았습니다. '아이가 이럴 때는 어떻게 해야 할까?', '이런 행동은 왜 나타나는 거지?', '부모로서 무엇을 더 하고 덜 해야 할까?' 무수히 많은 질문을 스스로 던지고 그 답을 찾기 위해 아이의 감각과 지각, 운동기능을 관찰하고, 언어와 인지의 변화를 살핍니다. 부모와 상호작용하거나 또래와 어울리기 시작하면 아이의 정서와 사회성도 예의주시합니다. 그리고 이러한 변화와 성장이 아이들의 두뇌 발달에서 비롯된다는 사실을 알게 됩니다.

우리의 몸이 음식을 먹고 영양소를 섭취하며 신체적 성장인 키와 몸무게의 '자람'을 만든다면 우리의 두뇌는 눈과 귀로 보고 들으며, 손으로 만지고, 입으로 탐색하며, 몸을 움직여서 들어오는 다양한 감각들을 먹고 발달합니다.《두뇌 자극 몸 놀이 지침서》는 부모님들이 다소 생소하거나 막연하게 여길 수 있는 '감각먹이'를 '몸 놀이'라는 재료로 풀어낸 레시피와 같은 책입니다. 연령별로 관찰할 수 있는 아이들의 발달 과정을 쉽게 설명하고 있으며, 그 시기에 부모님이 자녀의 두뇌 자극에 도움을 줄 수 있는 감각 식이, 즉 몸 놀이 프로그램을 자세하면서도 따라 하기 쉽게 풀어놓았습니다. 몸 놀이가 아이들의 감각통합과 두뇌 발달에 미치는 영향을 한눈에 이해하기 쉽도록 도표로 보여주며, QR 코드로 활동 동영상을 보고 따라 할 수 있어 독자의 편의성도 세심하게 고려하였습니다. 특히, 놀이마다 아동발달전문가가 이 동작들이 필요한 이유와 기능적 발달에 미치는 영향들에 대해 논리적으로 설명해 주는 부분은 이 책의 가장 큰 매력으로 다가옵니다. 그래서 이 책은 아이를 키우며 자연스레 갖게 되는 고민과 질문에 대한 답을 찾아갈 수 있도록 친절하게 안내하는 지침서입니다.

아동 발달과 교육 분야의 전문가들은 종종 "부모도 아이와 함께 성장한다."라고 이야기합니다. 곰곰이 생각해 보면 아이를 낳고 양육하는 과정에서 실수하고, 잘못을 만회하려 다시 배우는 일련의 모습이 우리 아이들의 성장과 닮았기 때문이 아닐까 싶습니다. 우리 아이의 바른 발달을 위해 늘 질문하고 고민하는 부모님들의 성장에 이 책이 좋은 길잡이가 되어주리라 생각합니다. 이번 주말, 책에서 주는 재밌고 다양한 몸 놀이 레시피로 아이와 함께 멋진 두뇌 자극, 감각 식이를 만들어보시기 바랍니다.

서울특별시 보라매병원 재활의학교실 연구교수
김정현

다른 부모님께도 이 책을 추천합니다

사 남매를 둔 다둥이 아빠입니다. 다둥이이다 보니 아이들 각각의 연령에 맞는 성장, 발달 그리고 놀이에 대한 고민을 많이 합니다. 이 책은 연령별로 놀이 활동과 함께 아이의 뇌 발달, 중요한 감각에 대해 자세히 설명해 주고 있어 '매일매일 아이들과 무엇을 하고 놀아야 하나'라는 고민 해결에 큰 도움이 될 것 같습니다.

다둥이 아빠 조현석

아이들의 언어 발달은 인지와 사회성 등에도 영향을 주기 때문에 각 발달 시기에 적절하고 다양한 자극을 받는 것이 매우 중요합니다. 언어치료사 엄마로서 더 해줄 수 있는 것이 무엇이 있을까 항상 고민했었는데 이 책 덕분에 아이들과 신체 놀이를 통해 대화도 많아지고 성장하는 엄마가 되는 것 같아서 뿌듯합니다.

언어치료사이자 반짝반짝 빛나는 두 아이의 엄마

이 책에는 예민하고 겁 많은 아이와 3년간 함께 하며, 아이를 응원해 준 선생님들의 소중한 교육방법이 담겨 있습니다. 아이의 첫 친구이자 가장 훌륭한 선생님인 부모와 놀이하며 세상 모든 곳이 아이의 온전한 세상이 되게 도와줍니다.

나현이 아빠

14개월 아이와 온종일 시간을 보내면서 '상호작용해야지', '발달 중요하지' 생각하지만 정작 아이는 장난감을 가지고 놀게 하고 조금이라도 쉬고 싶은 제 모습이 보이더라고요. 초보 엄마이다 보니 아이와 놀이를 하는 것이 생각보다 어렵고 부담스러웠거든요. 그러다 읽게 된 《두뇌 발달 몸 놀이 지침서》를 통해 '아이와의 놀이를 어려워하지 말고 같이 즐겨보자!'라는 마음을 갖게 되었습니다. 활동량이 많아 신체 놀이를 하며 신나게 놀기를 좋아하는 아이들, 이런 아이와 함께 뭘 하고 놀아야 할지 고민이 되는 부모에게 큰 도움이 되리라 생각합니다!

오감자극에 따른 뇌 발달에 관심 많은 지온 맘

아이가 성장할수록 장난감이 늘기 마련인데 이 책에서는 그저 재미를 추구하는 게 최우선인 장난감에서 벗어나 일상에서 쉽게 구할 수 있는 도구들을 이용하여 초간단 놀이를 해 볼 수 있게 합니다. 내 아이의 부족한 부분을 파악하여 중점적으로 발전시킬 수도 있어서 유아동기 놀이책으로 추천하기에 충분합니다. 무엇보다 우리 아이들이 흥미로워했고 즐겁게 활동했기 때문에 아이들 입장에서 행복한 놀이가 될 수 있다는 것도 빼놓을 수 없는 이유이지요.

이 책의 놀이 모델인 지훈, 은서 맘

이 책에서는 발달과정상 꼭 필요한 신체의 움직임을 기초로 뇌 발달과 감각 발달에 대한 내용을 설명해 주고 집에서 쉽게 할 수 있도록 자세히 알려주고 있습니다. 다양한 놀이들을 소개하고 있기 때문에 발달을 자극하며 어떻게 놀아야 할지 고민이 많은 부모님들에게 유익할 것입니다.

소아 물리치료사이자 사랑스러운 두 자매의 엄마

실컷 뛰어노는 아이의 두뇌는
건강하고 균형 있게 발달합니다

연령별 신체활동 지침에 따르면 1~4세 아이는 하루에 180분 이상의 신체활동이 필요하고, 5~17세까지는 하루 평균 60분 이상의 신체활동이 필요합니다. 그러나 현실은 어떤가요? 아이가 놀아달라고 하면 집 안을 어지럽히지 않고 층간소음을 신경 쓰지 않아도 되는 퍼즐 놀이나 색칠공부책을 꺼내는 경우가 많지요. 아이는 부모와 눈을 맞추고 한바탕 놀 준비가 되어 있는데 정작 아이와 함께 놀이터에서 노는 시간은 신체활동 기준 시간과 비교하면 턱없이 부족합니다. 부모가 마음을 다잡고 제대로 놀아주려고 해도 매일 비슷한 놀이만 하게 되고, 이 놀이가 아이 발달에 어떻게 좋은지 잘 몰라서 놀이가 시간 낭비로 여겨지기도 합니다. 아이 역시 채워지지 않는 놀이 허기짐으로 짜증을 낼 수 있고요.

뇌의 신경세포는 '감각'과 '자극'이라는 영양분을 먹고 자랍니다. 다양한 음식을 먹어야 영양분이 균형 있게 채워지는 것처럼 아이의 두뇌도 다양한 감각 자극이 충분해야 균형 있게 발달할 수 있습니다. 뇌에는 '운동, 언어, 인지, 정서 및 사회성'을 담당하는 영역이 나뉘어 있는데 외부 자극이 다양한 감각기관을 통해 뇌로 전달될 때 이 영역들이 서로 영향을 주고받으며 함께 발달합니다. 특히 최대한 많은 신체 부위를 동원하여 실컷 뛰어놀 때 아이의 뇌에서는 놀라운 변화가 생깁니다. 충분한 움직임은 그만큼 많은 회로를 만들어서 두뇌 발달을 촉진하기 때문이지요.

　이 책은 유아기, 학령전기, 초기 학령기로 구분하여 1세부터 8세까지, 간단한 준비물로 부모와 아이가 함께 할 수 있는 140가지 감각 놀이가 수록되어 있습니다. 몸을 쓰며 움직이는 놀이가 왜 중요한지, 아이들이 감각 놀이를 할 때 뇌의 어떤 부위가 자극받아 발달하는지에 대해 쉽게 풀어냈습니다. 또, 모든 놀이를 아이들의 발달 수준을 고려해 발달 영역별로 분석하여 발달의 결정적인 시기에 꼭 필요한 자극과 경험이 무엇인지 알려주고 있습니다.

《두뇌 자극 몸 놀이 지침서》를 참고하여 아이의 뇌를 건강하고 균형 있게 발달시키는 최고의 경험을 해 보세요. 아이와 잘 놀아주는 기술보다 중요한 것은 아이에게 부모와 함께 놀고 있다는 느낌이 잘 전해지게 반응해 주고 아이들이 노는 모습 그 자체를 진심으로 격려해 주는 것입니다. 분명히 아이는 열심히 놀았을 뿐인데 언어, 인지, 정서, 사회성 면에서 긍정적인 변화가 생기게 됩니다.

　부모와 아이의 행복한 놀이 시간을 책에 담을 수 있게 성실하게 임해준 아빠 모델 신문섭 님과 어린아이의 순수함을 보여준 아이 모델 장하민, 주은서, 주지훈 어린이에게 감사의 마음을 전합니다. 아이들에게 어린 시절의 즐거웠던 추억으로 기억되길 소망합니다. 그리고 아낌없는 지원과 응원을 보내주시는 그리다 감각심리발달센터 장성민, 한채봉 원장님과 이 책을 기대하고 펼친 독자분께 감사를 전합니다. 아침에 간단히 스트레칭을 하면서 뇌를 잠에서 깨우듯, 하루 20분을 투자하여 아이의 두뇌를 깨우는 습관을 만들어보세요. 이 책을 통해 아이와 함께 보낸 시간의 결과가 빛이 나길 진심으로 바랍니다.

송우진, 이승민, 정다효

효과적인 몸 놀이를 하는 방법

놀이를 한눈에 파악하여 쉽게 할 수 있도록 설명과 함께 시각자료, 사진, 동영상을 제공합니다. 더불어 발달이 늦은 아이를 만나는 감각통합치료사와 부모들에게 유용한 발달 정보를 최대한 자세히 풀어 설명하였으니 꼼꼼히 읽고 따라 해 보세요.

전구
7가지 발달 영역 중에 어떤 영역이 자극되는지 전구로 확인하세요.

권장 연령
해당 연령에 맞는 놀이를 발달 순서대로 배치하였습니다. 원하는 놀이부터 할 수도 있지만 가능한 순서대로 하는 것을 권합니다.

준비물
쉽게 구할 수 있는 준비물로 부담 없이 놀 수 있습니다.

QR 코드
QR 코드를 찍으면 놀이 방법을 동영상으로 확인할 수 있습니다.

사전 준비
놀이 시작 전 준비할 것과 기본 준비 자세를 안내합니다.

사전 준비의 +
아이가 사전 준비 자세를 취하기 어려워할 때 참고하세요.

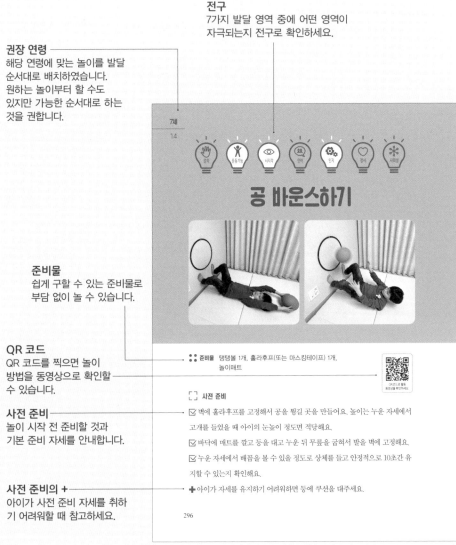

7세
14

공 바운스하기

:: **준비물** 탱탱볼 1개, 훌라후프(또는 마스킹테이프) 1개, 놀이매트

[] **사전 준비**

☑ 벽에 훌라후프를 고정해서 공을 튕길 곳을 만들어요. 높이는 누운 자세에서 고개를 들었을 때 아이의 눈높이 정도면 적당해요.

☑ 바닥에 매트를 깔고 등을 대고 누운 뒤 무릎을 굽혀서 발을 벽에 고정해요.

☑ 누운 자세에서 배꼽을 볼 수 있을 정도로 상체를 들고 안정적으로 10초간 유지할 수 있는지 확인해요.

✚ 아이가 자세를 유지하기 어려워하면 등에 쿠션을 대주세요.

296

12

놀이 전 기억하세요

1. 아이가 신나게 놀 수 있는 분위기를 만들어주세요.
2. 아이와 상호작용하면서 아이의 반응을 잘 살펴주세요.
3. 아이가 놀이하면서 다양한 자극을 놓치지 않고 경험하게 해주세요.
4. 아이가 처음 해 보는 자세나 낯선 동작을 어려워하면 먼저 시범을 보여주세요.
5. 아이의 적응도에 따라 난이도를 조절하세요.

초간단 놀이법
집에서 하기 좋은 놀이 방법을
간단히 설명합니다.

초간단 놀이법의 +
놀이의 난도 조절 및 안전과 관련된
주의사항을 알려줍니다.

⚡ **초간단 놀이법**

1. 두 손으로 공을 잡고 벽에 튕길 준비를 합니다.
2. 벽에 있는 훌라후프 안으로 공을 튕기고 돌아온 공을 잡아서 다시 튕깁니다.
➕ 동작이 익숙해지면 제한 시간과 횟수를 설정하여 난도를 높여주세요.

📋 **아동발달전문가의 조언**

이 놀이는 누워서 상체를 살짝 든 자세를 유지하고 벽에 공을 튕기는 운동기술이 필요합니다. 아이와 벽의 거리가 가깝기 때문에 빠르고 정확하게 공을 튕기고 받아야 하고 상체를 들어올린 자세를 유지하려면 코어근육의 힘도 필요합니다. 여기에서 운동기술보다 더 중요한 것은 놀이에 몰입하는 힘, 즉 집중력입니다. 활동에 집중하지 않으면 공을 훌라후프 안으로 정확히 던지는 것이 어렵고 공을 놓쳐 얼굴로 떨어질 수도 있습니다. 집중력은 아이가 성장하면서 기를 수 있는 능력으로 학습의 기초가 되고 사회성에 영향을 줍니다. 집중력은 노력에 따라 향상될 수 있고 환경의 변화와 아이의 의지로 높일 수 있으니 집중력을 기를 수 있는 다양한 놀이를 많이 경험하는 것이 좋습니다.

아동발달전문가의 조언
이 놀이가 해당 시기에 왜
필요한지, 해당 시기 아이의
발달 과업에 대한 이해를
돕습니다.
응용 활동과 확장 활동도
함께 제시합니다.

감각통합& 뇌 발달
놀이를 할 때 자극되는 발달
영역과 세부 발달 요소를
과정별로 설명합니다.

감각통합&뇌 발달
누워서 상체를 들어올린 사세를 유지하면서(균형감각, 신체협응) 벽에
있는 훌라후프 안으로(시각주의력, 위치지각, 집중력) 공을 튕기고 잡습
니다(시운동협응, 성취감).

운동기능	균형감각	운동계획	신체협응	움직임조절	민첩성
시지각	시각주의력	시각추적	위치지각	시각기억력	시운동협응
인지	집중력	조직화	성취감	자신감	문제해결력

홈프로그램 활용하기
각 단계에는 발달 단계 및
나이별로 두뇌 자극 및 감각
통합에 효과적인 홈프로그
램 예시를 제공합니다.
활동별 권장 연령 및 발달
영역을 참고하여 4주간 감
각 놀이를 실천해 보세요.

297

놀이할 때 필요한 도구

도구를 준비할 때의 팁을 참고하여 적절한 도구를 준비해 주세요.
몇몇 도구는 집에 있는 물건으로 대체해도 괜찮습니다.

필수 도구	도구를 준비할 때의 팁
짐볼	아이의 키를 고려하여 45cm 또는 55cm 짐볼을 준비하세요.
탱탱볼	탱탱볼은 말랑하고 적당히 탄력 있는 것이 좋아요. (지름 18~22cm 정도)
볼풀공	볼풀공은 지름 8~9cm 정도로 아이의 손에 잡히는 크기가 좋아요. 작은 크기의 공을 준비하기 어려우면 양말을 동그랗게 말아서 사용해요.
탁구공	탁구공이 없으면 작은 탱탱볼을 사용해도 좋아요.
폼폼	폼폼은 지름 4cm의 너무 작지 않은 크기가 좋아요.
콩주머니	손에 편하게 쥘 수 있는 10x10cm 크기가 적당해요. 콩주머니를 준비하기 어려우면 양말에 쌀이나 잡곡을 넣어 사용해도 좋아요.
훌라후프	유아기부터 학령기까지 사용할 수 있게 지름 75cm로 준비하세요.

필수 도구	도구를 준비할 때의 팁
아동용 의자, 성인용 의자	등받이가 없는 접이식 의자를 사용할 때는 아이가 뒤로 넘어지지 않도록 주의해 주세요.
원마커(색종이)	원마커 대신 색종이를 바닥에 붙여서 사용할 때는 아이가 미끄러지지 않게 튼튼하게 붙여주세요.
콘, 볼링핀(500mL 생수병)	생수병을 대신 사용할 때는 병이 쓰러지지 않게 물을 반쯤 채워 사용하는 것이 좋아요.
큰 쿠션, 작은 쿠션(동화책)	쿠션 대신 동화책을 사용할 때는 미끄러지지 않도록 미끄럼방지 매트를 함께 준비하세요.
긴 막대(신문지 막대)	장난감 골프채나 신문지를 여러 장 돌돌 말아 풀리지 않게 고정하여 사용해도 좋아요.
넓은 바구니, 깊은 바구니	바구니 대신 쇼핑백을 사용할 때는 찢어지지 않게 테두리에 테이프를 한번 둘러 사용하면 좋아요.
탄력밴드(라텍스밴드)	어린이용 혹은 입문자용 탄력밴드를 사용하세요. (두께 0.3~0.4mm 정도)
마스킹테이프, 색종이, 종이컵	해당 도구들은 다양한 놀이에 사용되니 미리 넉넉하게 준비해 두면 좋아요.

궁금할 때 펼쳐 보는 용어 설명

✋ 감각

- **촉각** : 피부를 통해 접촉에 대한 정보를 얻는 감각
- **청각** : 귀를 통해 소리에 대한 정보를 얻는 감각
- **전정감각** : 머리의 위치에 따라 몸의 움직임에 대한 정보를 얻는 감각
- **고유수용성감각** : 몸의 각 부위의 위치와 움직임에 대한 정보를 얻는 감각
- **시각** : 눈을 통해 본 정보를 얻는 감각

🏃 운동기능

- **균형감각** : 몸이 한쪽으로 기울어지지 않게 안정적으로 중심을 잡는 능력
- **운동계획** : 낯설고 복잡한 움직임이나 동작을 계획하고 순서화하는 능력
- **신체협응** : 운동이나 동작을 할 때 몸을 조화롭고 효율적으로 움직이는 능력
- **움직임조절** : 움직일 때 높이, 강도, 속도 등을 정교하게 조절하는 능력
- **민첩성** : 몸을 빠르게 움직이거나 움직이는 방향을 재빠르게 바꾸는 능력

👁 시지각

- **시각주의력** : 여러 시각 정보 중에 집중해야 할 정보에만 주의를 기울이는 능력
- **시각추적** : 고개를 고정한 채로 눈만 움직여서 사물의 위치나 움직임을 추적하는 능력
- **위치지각** : 물체와 나 사이의 방향과 거리를 판단하는 능력
- **시각기억력** : 눈으로 봤던 시각 정보를 일정 시간 후에도 기억하는 능력
- **시운동협응** : 눈으로 보면서 몸(손, 발)을 움직일 때 조화롭고 효율적으로 움직이는 능력

💬 언어

- **청각주의력** : 여러 청각 정보 중에 집중해야 할 소리에만 주의를 기울이는 능력
- **말소리변별** : 청각 정보 중에 특정한 단어나 말을 변별하는 능력
- **언어이해** : 다른 사람이 하는 말을 듣고 이해하는 능력
- **지시따르기** : 다른 사람의 지시를 듣고 행동을 수행하는 능력
- **의사소통** : 주고받는 메시지를 통해 서로의 생각과 감정을 전달하는 능력

⚙ 인지

- **집중력** : 중요하다고 선택된 자극에 집중적으로 주의를 기울이는 능력
- **조직화** : 다양한 정보를 분별하고 정리하여 효과적으로 실행할 수 있도록 하는 과정
- **성취감** : 목표한 바를 이루었을 때 느끼는 만족감
- **자신감** : 자신의 능력에 대한 믿음
- **문제해결력** : 문제가 발생하였을 때 문제를 인식하고 적절히 해결하는 능력

정서

- **정서적안정 :** 마음이 불안하거나 긴장되지 않고 편안한 상태
- **놀이경험 :** 다양한 놀이를 직접 경험해 보는 것
- **감정표현 :** 마음에서 일어나는 느낌이나 감정을 말이나 행동으로 표현하는 것
- **감정조절 :** 감정의 강도를 조절하거나 처한 상황에 맞게 감정상태를 조절하는 능력
- **자기조절력 :** 충동을 억제하고 자신의 감정, 생각, 행동을 조절하는 능력

사회성

- **적응력 :** 새로운 조건이나 환경에 점차 익숙해지는 것
- **상호작용 :** 둘 이상의 대상이 서로 영향을 주고받는 것
- **협동심 :** 공동의 목표를 달성하기 위해 다른 사람과 함께 힘을 합쳐 활동하는 것
- **규칙이해 :** 규칙이 있는 놀이를 할 때 정해진 규칙에 따라 수행하는 것
- **사회적기술 :** 다른 사람과 함께 하기 위해 서로 배려하면서 대인 관계를 맺는 기술

자주 하는 자세

네발기기 자세

❶ 양쪽 손바닥을 바닥에 짚고 배를 대고 엎드려요.
❷ 양쪽 손바닥과 두 무릎으로 체중을 균형있게 지지하며 배를 바닥에서 떼요.

푸시업 자세

❶ 바닥에 네발기기 자세로 엎드려요.
❷ 몸통과 엉덩이를 하늘 방향으로 올리면서 팔꿈치와 무릎을 쭉 펴요.

게걸음 자세

❶ 등 뒤로 양쪽 손바닥을 짚고 바닥에 앉아요.
❷ 엉덩이를 하늘 방향으로 올려서 거꾸로 뒤집힌 네발기기 자세를 만들어요.

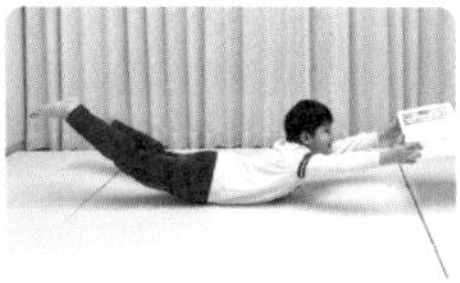

슈퍼맨 자세

❶ 바닥에 엎드린 자세로 누워요.
❷ 두 팔과 두 다리를 동시에 안정적으로 들어올려요.

차례

Part 1 감각 놀이로 뇌의 스위치를 켜라

Part 2 1세~3세 두뇌 자극 몸 놀이

1세~2세
2세~3세

차례

Part 4

7세~8세 두뇌 자극 몸 놀이

Part 1

감각 놀이로 뇌의 스위치를 켜라

아이는 엄마 배 속에 있을 때부터 주변 환경으로부터 감각기관을 통해 정보를 받아 뇌로 전달합니다. 그러므로 뇌 신경이 발달하는 순서는 유전적으로 정해지지만 뇌의 질적인 발달은 환경에 의해 결정됩니다.

뇌의 신경계는 일정한 순서를 가지고 아래(척수)에서 위(대뇌)로 하나씩 성숙하며, 감각계(감각영역), 운동계(운동영역), 연합계(지각, 언어, 인지, 정서 및 사회성영역)는 일정한 순서에 따라 발달합니다. 따라서 나이에 따라 집중적으로 발달하는 뇌의 영역이 다릅니다.

발달의 시작점인 감각에서 시작하여 운동기능이 발달하는데 사물을 지각하게 되면서 언어와 인지가 발달하고, 이후 정서와 사회성 영역까지 순차적으로 발달이 이루어집니다.

이 책에서는 이러한 뇌 과학적 사실에 근거하여 7가지 발달 키워드를 선별하고, 발달 순서대로 전구 모양으로 나열하였습니다. 그리고 7가지 발달 영역을 다시 5가지 발달 키워드로 세분화하여 제시했습니다. 이제 감각을 기반으로 하는 몸 놀이로 뇌의 스위치를 켜보세요.

1

아이의 성장에 꼭 필요한 감각 발달

우리 몸에는 눈, 귀, 피부, 코, 혀 등의 감각기관이 있습니다. 눈으로 사물을 보고(시각), 귀로 소리를 듣고(청각), 피부로 촉감을 느끼고(촉각), 코로 냄새를 맡고(후각), 혀로 맛을 보지요(미각). 이 다섯 가지 감각을 '오감'이라고 하는데, 오감은 외부의 환경에서 들어오는 정보를 받아들이는 감각입니다. 이 외에 우리 몸 내부에도 정보를 전달해 주는 감각이 있는데 '전정감각'은 중력에 대해 내 몸이 바르게 서 있는지, 움직이고 있는지 알아내는 역할을 하며 '고유수용성감각'은 내 몸이 어디에, 어떻게 놓여있는지, 무엇을 하고 있는지를 알게 해주는 감각입니다.

이 일곱 가지 감각은 생존에 중요한 역할을 합니다. 위험한 것을 감지하고, 정보를 받아들여 세상을 경험하게 해주니까요. 아이가 장난감 자동차에 발이 걸려 넘어질 뻔한 상황을 떠올려볼까요? 장난감을 발끝으로 느끼고(촉각), 발에 닿은 장난감을 눈으로 확인하고(시각), 장난감이 발에 닿았을 때의 소리를 듣고(청각), 팔다리를 크게 휘저으며 근육과 관절이 움직이고(고유수용성감각), 무너진 균형을 다시 잡습니다(전정감각). 그런데 만약 고유수용성감각이나 전정감각의 발달이 더디다면 어떨까요? 촉각, 시각, 청각으로 위험한 상황을 인지했더라도 그

상황을 해결하지 못하고 넘어지고 말 것입니다. 따라서 감각의 고른 발달은 안전과 생존을 위해, 아이가 성장하고 발달하는 과정에서 꼭 이루어져야 하는 필수 과제입니다.

이러한 감각을 느끼고 받아들이는 정도는 사람마다 다릅니다. 어떤 아이는 작은 자극에도 매우 놀라 예민하게 반응할 수 있고, 어떤 아이는 큰 자극을 받아도 잘 알아차리지 못할 수 있습니다. 한 가지 감각이 예민하다고 모든 감각이 예민한 것도 아니어서 다른 감각 자극에는 무던한데 유독 청각만 예민하거나 촉각만 예민할 수도 있습니다. 예를 들어 촉각이 유독 예민하다면 친구가 같이 놀자고 손을 잡았는데 기겁하고 도망치거나 선생님이 잘했다며 머리를 쓰다듬을 때 소리를 지를 수 있습니다. 청각이 예민하다면 방에서 편히 놀다가도 거실에서 들리는 청소기 소리에 귀를 막으며 두려워할 수 있고, 전정감각이 예민하다면 놀이터에서 그네 타기를 어려워할 수 있습니다. 반면 모든 감각에 둔한 편이라면 벽에 부딪혀도 크게 아파하지 않고 계속 누워 있으려 하며 매사에 의욕이 없을 수 있습니다.

이렇게 감각이 예민하거나 둔감하면 외부에서 들어오는 자극과 정보를 자연스럽게 받아들이지 못하여 발달 과업이 지체되고 불편함을 겪을 수 있으며 사회적 관계를 형성하고 새로운 경험을 하는데 어려움이 생깁니다. 감각이 예민하거나 둔감한 것은 타고나긴 하지만 다양한 감각 경험을 통해 충분히 보완할 수 있습니다. 그러니 발달 과업이 지체되거나 불편함을 겪지 않도록 다양한 감각 놀이로 고른 감각 발달을 도와주세요.

2
다양한 감각 경험이 필요한 감각민감기(0~6세)

아기는 엄마 배 속에서부터 일곱 가지 감각을 모두 경험하면서 곧 맞이할 바깥 세상에 대해 배웁니다. 배 속에서도 외부의 빛을 느끼고 부모의 목소리를 듣고 반응하며 엄마가 걷거나 움직일 때 양수에서 균형을 잡으며 여러 감각을 경험하지요. 그리고 출생 후 본격적으로 감각을 받아들이게 됩니다.

출생에서부터 6세까지를 '감각민감기'라고 하는데 이 시기는 무엇보다 직접 움직이고 탐색하며 다양한 것을 보고 듣고 만지는 경험이 필요한 시기입니다. 따라서 감각민감기에 감각 중심의 놀이가 중요한 것은 당연합니다. 감각과 움직임을 충분히 경험하고 잘 다뤄내는 것이 바로 발달의 기초니까요. 이러한 과정 없이 인지학습을 하거나 사회적인 기술을 배우면 어느 순간 발달 과업에 큰 구멍이 생겨 튼실히 발달할 수 없게 됩니다.

감각민감기에는 아이를 둘러싼 환경이 매우 중요합니다. 이 시기 영유아들은 아직 움직임에 제한이 있고 스스로 자극을 찾아 경험할 수 없습니다. 따라서 부모는 이 시기의 아이가 감각을 온전히 경험할 수 있도록 아이의 발달 수준에 맞는 안전한 놀이 환경을 만들어주고, 아이가 직접 탐구하고 감각을 사용하여 놀 수 있도록 도와주어야 합니다.

뇌는 무언가를 직접 보고 듣고 만지고 움직일 때 실제로 현실에 존재한다고 인지합니다. 따라서 울퉁불퉁한 잔디에서 맨발로 걷고, 집 안 곳곳에 숨어 숨바꼭질을 하고, 놀이터에서 술래잡기를 하며 활발하게 뛰어노는 일상은 결국 뇌를 자극하는 과정입니다. 그런데 요즘 아이들의 일상은 다양한 미디어와 스마트폰에 장시간 노출되어 시각 위주의 강한 자극만을 집중적으로 받는 경우가 많습니다. 영상을 보는 아이의 뇌를 살펴보면 청각 및 시각 정보처리 영역만 활성화될 뿐, 다른 영역은 전혀 활성화되지 않습니다. 이처럼 감각을 기반으로 한 놀이가 부족하여 감각의 문이 굳게 닫혀 있거나 여러 감각을 통합하여 처리할 준비가 안 된 아이들은 아침에 일어나서 밥을 먹고 놀고 자는 일상이 어려울 수 있습니다. 또, 감각을 편안하게 수용하기 어려운 아이들은 어떤 일이 일어날지 예측할 수 없기에 편안한 하루를 지내기 어렵습니다. 그렇다면 이 시기 아이들은 무얼 하고 어떻게 놀면 좋을까요?

감각민감기 아이들이 가장 즐거워하는 놀이는 다름 아닌 몸 놀이입니다. 실내외 여러 공간에서 내 몸을 놀잇감 삼아 다양한 자세와 방법으로 움직여보고 힘을 조절해 보는 거죠. 이 과정에서 여러 감각을 종합적으로 사용하게 됩니다. 몸을 쓰면서 노는 놀이가 다소 산만해 보이고 공간을 어지럽히는 것처럼 보일 수도 있지만, 이 시기의 아이들은 몸 놀이를 하면서 자신에게 꼭 필요한 양질의 영양분을 채우고 있는 중입니다. 그 과정을 최고의 놀이 파트너인 부모와 함께하면 더욱 좋겠지요. 시시해 보이는 놀이라도 부모와 함께한다면 의미 있는 놀이가 될 수 있습니다.

3
뇌 발달을 촉진하는 몸 놀이

아이가 신나게 뛰어놀 때 뇌에서는 어떤 일이 벌어지고 있을까요? 우리 몸의 모든 감각기관은 움직임과 연결되어 있으며 움직임은 뇌 발달을 촉진합니다. 운동을 하거나 몸을 움직일 때 뇌에서 'BDNF(뇌신경 성장인자)'가 분비되는데 이것은 신경세포의 영양제 역할을 하여 여러 감각이 신호를 원활하게 주고받도록 도와줍니다.

환경에서 받은 정보는 우리 몸의 감각기관을 통해 뇌로 전해지고, 뇌에서는 이러한 정보를 취합하고 처리하여 받아들인 정보가 무엇인지 판단합니다. 그런 의미에서 감각기관을 '뇌로 가는 입구', 뇌는 '감각 처리 장소'라고 말할 수 있습니다. 감각기관을 통해 감각을 잘 받아들이더라도 뇌에서 감각을 의미 있게 해석하지 못하거나 여러 감각을 통합하지 못하면 사물이나 현상에 의미를 부여하기 어렵습니다.

이처럼 뇌 발달과 신체 움직임은 밀접하게 연결되어 있습니다. 신체의 움직임에 따라 뇌의 각 부위가 기민하게 연결되고 활성화되기 때문에 '뇌는 움직임을 만드는 신체 기관'이라고 해도 과언이 아닙니다. 영유아기에 아이는 팔과 다리와 같은 큰 근육의 움직임을 통해 뇌의 운동 회로가 활성화되면서 대근육이 발달하고, 손과 손가락을 사용하면서 더 많은 운동 회로가 연결되고 통합되어 소근육이 발달합니다. 그러므로 뇌가 발달하는 과정에서 대근육이 먼저 발달하고 이어서 소근육이 발달하는 것은 당연한 일입니다.

누가 봐도 몸놀림이 둔하던 아이가 매일 같이 놀이터에서 뛰어놀더니 어느 순간 친구와 공을 주고받을 정도로 움직임이 정교해졌다면 이는 단순히 운동능력이 정교해진 것뿐만이 아니라 뇌가 정교하게 발달한 것입니다. 몸을 더 정교하게 움직이려면 그러한 움직임이 가능하도록 뇌 회로도 더 많이 작동해야 하기 때문이지요.

몸 놀이의 또 다른 이점은 흥분과 억제를 조화롭게 조절하는 뇌의 각성 시스템에 관여한다는 것입니다. 따라서 적절한 몸 놀이 후에는 흥분이 가라앉고 너무 처지지 않으면서 집중하기 딱 좋은 상태로 전환되어 인지능력 향상에 도움이 됩니다. 그러니 아이가 의자에 앉아 있긴 하지만 산만하거나 멍한 상태를 보인다면 학습을 하기 전에 적당한 몸 놀이를 하는 것도 좋은 방법입니다. 또한 의도적이고 정교한 움직임은 뇌의 여러 영역과 상호작용하여 지적능력, 정서 및 사회적 능력의 발달을 도모합니다.

이렇듯 아이의 몸 놀이는 운동능력만 증진하는 것이 아니라 뇌의 신경회로를 더 치밀하게 연결하고 감각을 통합하여 뇌 발달을 촉진합니다. 아이의 뇌는 움직이면서 배우도록 설계되어 있고 몸을 활발하게 움직이는 것은 뇌가 가장 좋아하는 일을 하는 것과 마찬가지라는 사실을 꼭 기억하세요.

4

엄마표 놀이, 아빠표 놀이가 좋은 이유

중요하고 특별한 사람과 정서적 관계를 맺고 유지하려고 하는 것을 '애착'이라고 합니다. 생후 3개월까지는 애착 형성의 초기 단계로 자신에게 호의적인 사람에게 반응을 보이고, 3개월부터 8개월 사이에 본격적으로 애착 관계를 형성하여 많은 시간을 함께한 사람에게 반응을 보이기 시작합니다. 그 후 18개월까지 확실한 애착 관계가 형성되어 주 양육자와 떨어지면 불안해하고, 24개월까지는 주 양육자 외에 다른 사람에게도 관심을 보이면서 애착 관계가 넓어지지요.

따라서 아이가 낯선 세상에 태어나서 처음으로 관계를 맺는 사람인 부모와 평온하고 안정적인 관계를 만드는 것에서부터 모든 발달이 시작됩니다. 부모와 안정적인 애착 관계가 형성되면 처음 가보는 낯선 곳에서도 부모를 믿고 도전해볼 만한 힘이 생기고, 위험한 일이 생겨도 자신을 보호해 주는 부모가 있어서 감정적으로 불안해 하지 않지요. 이렇게 아이가 정서적으로 안정되면 말과 행동을 조절할 수 있는 능력이 생기고 타인에 대한 신뢰감이 생겨서 이후 아이의 사회성 발달에 큰 도움이 됩니다. 부모와의 안정적이고 긍정적인 애착 관계가 또래 친구들과의 관계로 이어지기 때문이죠.

아이는 부모와의 애착 관계를 견고하게 하려고 끊임없이 부모와 놀려고 합니다. 주로 부모와 손을 잡고 움직이거나 부모의 움직임을 모방하는 놀이를 하면서 부모와의 상호작용을 경험하려 하지요. 부모와 함께 놀면서 자신의 안전함을 확인할 때도 있고, 관심을 요구할 때도, 적극적인 행동을 보일 때도 있습니다.

아이가 부모와 안정적인 관계를 맺거나 경험할 때 아이의 뇌에서는 '옥시토신'과 '오피오이드' 호르몬이 분비되는데 이 두 호르몬은 불안과 스트레스를 낮추는 작용을 합니다. 즉, 부모와 함께 놀면서 긍정적인 애착 관계가 형성되면 정서적으로 안정감을 느끼게 되고 뇌의 균형 있는 발달이 이루어집니다. 그러니 아이와 함께 노는 시간은 선택이 아니라 필수입니다.

간혹 아이와 함께 영상을 보거나 게임을 하고 '아이와 놀아줬다'라고 생각하는 부모님이 있습니다. 영상을 통해 들어오는 정보는 오직 시각과 청각만 사용하여 정보를 얻기 때문에 아이의 뇌에 충분한 자극이 되지 않습니다. 미디어는 직관적이고 즉각적이며 일방적이어서 자칫 언어, 감정, 사회성 결핍을 초래할 수도 있지요. 특히 좋은 신경회로를 끊임없이 만들어야 하는 영유아에게는 부정적인 영향을 더 크게 줄 수 있으므로 영유아기에는 스마트폰이나 TV 등 시청각 매체에 과도하게 노출되지 않도록 유의하는 것이 좋습니다.

미국소아과학회의 〈영유아의 미디어 사용에 관한 가이드라인(2016년)〉에서는 '24개월 미만의 아동이 디지털 기기를 지나치게 이용할 경우 실제 현실세계와의 상호작용 기회가 줄어 발달에 필요한 경험을 하기 어려울 수 있다'라고 강조하였습니다. 피치 못하게 유아에게 디지털 미디어를 소개하고 싶으면 양질의 콘텐츠를 골라 함께 시청하는 것이 좋습니다. 어떤 상황에서든 영유아의 단독 미디어 사용은 주의해야 합니다.

5
감각민감기에 하면 좋은 감각 놀이

　놀이는 양보다 질입니다. 다시 말해, 아이와 얼마만큼 놀았는지보다 함께 땀 흘리고 웃으며 어떻게 놀았는지가 중요합니다. 그렇다면 '놀아주기'가 아니라 '아이와 같이 놀기'가 되려면 어떻게 해야 할까요? 우선 부모와 아이 모두 자발적으로 참여하여 같이 놀 수 있는 시간을 정해보세요. 바쁜 일과를 끝내고 저녁 식사를 한 후 10분도 좋고, 아이가 아침에 일어나서 기관에 가기 전 10분도 좋습니다. 중요한 것은 어쩌다 한 번이 아니라 매일 짧은 시간이라도 아이와 함께하는 시간을 온전히 갖는 것입니다.

　아이와 약속을 했지만 도무지 함께 놀 수 있는 상황이 아니라면 아이에게 솔직히 이야기하고 양해를 구해야 합니다. 아이는 부모의 감정을 기가 막히게 알아차리므로 부모가 의무감으로 억지로 놀면 부모의 표정을 살피며 눈치를 보게 됩니다. 아이가 부모를 통해 감정을 배우기 시작하고, 부모가 보여주는 말과 행동에 따라 정서적인 안정감을 느낀다는 것을 기억하고 같이 놀기를 실천하도록 하세요.

　다음은 감각민감기에 하면 좋은 감각 놀이의 지침입니다.

1. 신체를 접촉하고 상호작용하기

눈 맞추고 이야기하기, 이불 위에서 함께 구르기, 손과 발을 대고 움직이기, 신체 마사지하기 등 신체를 접촉하고 감정을 소통하는 놀이를 충분히 하세요.

2. 땀을 흘릴 정도로 온몸을 써서 몸 놀이하기

몸 전체를 움직이고 에너지를 쓰는 몸 놀이는 다양한 감각을 자극하는 좋은 놀이이자 인지 발달 및 정서와 사회성 발달에 도움이 되는 놀이입니다.

3. 실제적이고 사실적인 것 위주로 감각 익히기

그림책이나 영상에 있는 동식물이나 사물은 만질 수도, 냄새를 맡을 수도 없고 움직임을 상상하거나 탐구하는 것도 제한적입니다. 그러니 실제 사물을 직접 손을 대어 만져보고, 코로 냄새를 맡아보고, 움직임을 눈과 귀로 확인하여 호기심을 자극하고 생각하게 하는 게 좋습니다. 이처럼 아이들은 현실 세계에서 많은 시간을 보내면서 놀 때 발달이 촉진됩니다.

4. 학습 위주가 아닌 경험 위주의 놀이하기

아이들은 놀이를 통해 배우고 성장합니다. 놀고 싶은 자발적인 욕구와 즐거움을 뺏지 않도록 놀이의 목적을 학습에 두지 마세요. 색깔과 모양 개념을 알려주는 시간이 아니라 오감을 사용하여 경험하는 시간을 충분히 가지는 게 좋습니다.

6
다섯 가지 감각의 기능과 발달과정

앞서 언급한 일곱 가지 감각 중에서 유아 시기에 감각 놀이를 통한 발달이 필요한 시각, 촉각, 청각, 전정감각, 고유수용성감각의 기능과 발달과정에 대해 좀 더 자세히 살펴보도록 하겠습니다. 후각과 미각 외의 이 다섯 가지 감각은 신체 외부와 내부에서 물리적 자극을 받는 감각으로 감각 놀이를 통해 촉진되는 감각입니다.

1) 촉각의 기능과 발달과정

사물을 만질 때 느껴지는 촉각은 생존에 필요한 성장과 발달에 매우 중요한 감각입니다. 출생 직후 신생아는 일정 기간 손으로 만져보고 사물을 분별할 수 없으므로 사물을 입에 넣어 구강 촉각으로 탐색합니다. 따라서 이 시기 아기들이 입에 물건을 넣는 것은 촉각을 경험하고 발달시키는 과정이므로 무조건 입에 못 넣게 하기보다는 삼킬 위험이 있는 작은 물건이 주변에 없도록 신경쓰는 게 좋습니다.

출생 후 10주가 되면 손으로 물건을 구별할 수 있고, 4~5개월 정도부터는 구강 탐색보다 손 탐색이 우세하게 됩니다. 이때부터는 사물을 손으로 만져서 탐색하고 인식할 뿐만 아니라 사물을 향해 팔을 뻗고 손가락을 구부리는 등 신체 발달도 함께 이루어집니다. 출생 후 6개월이 되면 사물의 질감 차이를 촉각을 통해 구별할 수 있고, 18개월이 되면 미세한 질감의 차이도 느낄 수 있습니다.

촉각은 부모와 처음 애착 관계를 형성할 때 중요한 역할을 하며, 감정조절에도 관여하여 사회성 및 정서 발달에도 지대한 영향을 미칩니다. 예를 들어 스트레스를 받았을 때 포근한 이불 안에 들어가거나 엄마가 스킨십을 해주면 안정감을 느끼는 것은 촉각에 의한 것입니다.

촉각이 예민하면 낯선 장소나 익숙하지 않은 것을 회피하게 되므로 새로운 경험에 적응하기 힘들고 타인과의 관계 형성이 어려워질 수 있습니다. 반대로 촉각이 둔감한 경우에는 조심성이 없어 보이고 움직임이 많고 주의가 산만해 보일 수 있습니다. 그러므로 신체 발달과 인지 발달의 중요한 시작이자 매개체인 촉각은 어릴 때 충분히 경험해야 합니다.

촉각 처리가 어려우면 이러한 모습을 보여요

☑ 특정 물건에 집착하여 계속 안고 있어요.

☑ 물건을 손으로 만지는 것을 싫어해요.

☑ 누군가가 다가오거나 접촉할 때 과하게 반응해요.

☑ 특정한 옷이나 음식에 심하게 예민해요.

☑ 세수하기, 양치하기, 머리 감기, 머리 자르기를 거부해요.

☑ 아픈 것을 모르는 것처럼 보여요.

2) 청각의 기능과 발달과정

청각은 어디에서 어떤 소리가 나는지를 아는 감각입니다. 귀를 통해 소리를 듣고 청각 정보를 뇌로 전달하여 무슨 소리인지, 어떤 의미인지 파악합니다.

소리를 감지하는 청각기관은 임신 5개월 정도 되면 완전히 발달하므로 태교할 때 부모의 목소리를 들려주면 태아가 안정감을 느끼고 교감할 수 있습니다. 출생 후 1개월에는 소리에 민감해져서 큰 소리가 나면 놀라는 반응을 보이고, 출생 후 4개월쯤에는 소리를 구분하여 특정 소리를 집중해서 들을 수 있습니다. 4~6개월 정도가 되면 소리의 방향을 인식하여 들리는 쪽으로 정확하게 고개를 돌릴 수 있고, 익숙한 목소리를 구별할 수 있게 되어 엄마의 목소리에 웃는 반응을 보입니다.

청각은 단순히 소리를 인지하는 것을 넘어 언어발달에 매우 중요한 감각입니다. 돌 무렵이 되면 모국어 소리의 차이를 구분할 정도로 뇌의 청각 신경회로가 상당히 성숙해집니다. 이때부터는 청각과 시각이 서로 통합되고 동시에 발달하여 눈으로 본 정보와 귀로 들은 정보를 연결시키지요. 두 돌이 되면 어른 수준의 청각으로 발달합니다.

들은 정보를 이해하는 청지각은 뇌의 다양한 영역과 연결되어 있어서 언어와 운동, 인지 발달에도 영향을 줍니다. 특히 청지각이 덜 발달하면 기관에서 수행의 어려움을 보여 단체 활동에 적응하기 힘들고 학습에도 문제가 생길 수 있습니다.

청각 처리가 어려우면 이러한 모습을 보여요

☑ 큰 소리나 예기치 않은 소리에 귀를 막아요.

☑ 소음을 차단하기 위해 노래를 불러요

☑ 장난감에서 나는 소리를 무서워해요.

☑ 소리에 집중하지 못하고 흘려 들어요.

☑ 간단한 지시도 따르기 어려워해요.

3) 시각의 기능과 발달과정

시각은 눈을 통해 정보를 받아 그 정보를 뇌로 전달하는 감각입니다. 외부 환경에서 들어오는 정보의 70~80%를 담당하기 때문에 시각 정보를 받지 못하거나 본 것을 뇌에서 해석하지 못하면 발달에 큰 지장을 줍니다.

시각은 출생 시기에는 상대적으로 미성숙한 감각으로, 출생 후 물체를 보고 만지고 탐색하는 경험을 통해 발달합니다. 감각 중에서 가장 나중에 완성되는 감각이지만 다른 감각들과 통합하여 발달하므로 초기 발달이 중요합니다. 시각은 출생 후 3~4개월쯤에 빠르게 발달하여 사람 얼굴의 윤곽과 표정을 구별하고 자기 손발을 보며 놀고, 5개월이 되면 사물에 손을 뻗어서 잡고 놉니다. 생후 6개월쯤이 되면 깊이 지각이 가능해져서 기다가 넘어지거나 아래로 떨어지는 횟수가 줄어들게 됩니다. 7~9개월이 되면 다양한 것을 보고 눈으로 본 것을 손가락을 이용하여 잡을 수 있습니다. 생후 1년이 되면 안정적인 시각을 갖게 되어 엄마가 보여주는 간단한 움직임을 보고 모방할 수 있고 사물을 변별하여 인지하게 됩니다. 대략 6세가 되면 시력이 완성됩니다.

시각 기능의 핵심은 움직임을 인지하는 것이므로 시각이 제대로 발달하려면 안구운동 능력과 시지각 능력이 발달해야 합니다. 안구운동 능력이 부족하면 공이 멈춰 있을 때는 볼 수 있지만 구르는 공은 추적하여 보기 어렵습니다. 따라서 움직이는 사물이나 사람을 볼 때 그 움직임을 따라 안구가 움직이도록 연습해야 합니다. 또한 시지각 능력이 부족하면 시력이 정상이고 인지 능력에 문제가 없더라도 글자를 읽을 때 무슨 말인지 이해하지 못할 수 있습니다. 눈으로 보는 속도만큼 뇌에서 빨리 해석하지 못하기 때문입니다. 이처럼 시지각은 학습과 행동에 매우 중요하기 때문에 4세 이후부터는 감각 놀이를 통해 본 것을 분별하고 해석하는 능력을 향상하는 것이 좋습니다.

> 시각 처리가 어려우면 이러한 모습을 보여요
>
> ☑ 빛에 불편함을 느껴요.
> ☑ 돌아가는 물체를 집중해서 봐요.
> ☑ 주위 환경을 훑어보는 것을 어려워해요.
> ☑ 눈 맞춤을 피하고 시각 자극에 쉽게 산만해져요.
> ☑ 날아오거나 굴러오는 공을 놓쳐요.
> ☑ 책을 띄엄띄엄 읽어요.

4) 전정감각의 기능과 발달 과정

전정감각은 신체의 균형을 유지하는 감각으로 자세가 바뀌면서 균형을 잃게 될 때 다시 자세를 바르게 하고 균형을 잡을 수 있게 합니다. 전정계는 수직 움직임(위아래), 수평 움직임(좌우)뿐만 아니라 머리와 몸의 회전 움직임을 감지하여 몸의 균형을 유지하게 합니다. 몸놀림에 관여하는 전정감각은 외부 정보가 뇌로 들어오게 하는 다리 역할을 하므로 모든 감각의 기반이 됩니다. 따라서 전정기관에 문제가 생기면 다른 감각에도 영향을 줄 수 있습니다.

전정기관(귀 안의 내이)은 뇌 전체에서 가장 먼저 발달하는 기관으로 임신 8주가 되면 발달하기 시작하여 임신 5개월이 되면 완전한 크기와 모양을 갖추게 됩니다. 태아는 무중력 상태의 양수 안에서 끊임없이 움직이기 때문에 임신 중 엄마의 움직임은 태아의 전정기관 발달을 자극합니다. 생후 6~12개월이 되면 전정계의 민감도가 가장 높아지는데 이로 인해 나타나는 것이 '등 센서'라 불리는 반응입니다. 아기를 바닥에 내려놓으면 울고, 안거나 업어서 움직여주면 울음을 그치는 것은 전정 자극이 진정 효과가 있어서 편안함을 느끼기 때문입니다. 그래서 아기들은 안아서 빙글빙글 돌려주거나 위아래로 흔들어주는 것처럼 몸을 반복적으로 움직여주는 것을 좋아합니다. 전정감각의 민감성은 두 돌 정도까지 급격히 감소하다가 사춘기 무렵까지 완만히 감소하여 어른과 비슷하게 성숙해집니다.

영유아에게 전정감각은 바른 자세와 균형을 유지하게 할 뿐만 아니라 안구 움직임을 조절하여 시지각 발달에도 영향을 줍니다. 예를 들어 바닷가에서 손에 카메라를 들고 뛰면서 사진을 찍으면 흔들려서 식별이 안 되지만, 우리 눈에는 바다가 흔들려 보이지 않는 것은 전정기관이 머리의 움직임을 뇌로 전달하여 뇌가 안구 움직임을 조절해 주기 때문입니다. 또한 전정감각은 청각에도 영향을 주어서 몸을 움직일수록 언어 표현을 많이 하게 됩니다.

이처럼 전정감각은 전반적인 발달에 큰 영향을 미치므로 다양한 자세에서 균형을 유지해 보고 많이 움직이면서 전정감각을 몸으로 느껴야 합니다. 예를 들어 네 발로 기기, 한 발로 서기, 무릎 서기 등 몸의 중심을 잡는 활동, 몸의 속도를 느끼는 활동, 그네를 타거나 빙글빙글 돌기, 사다리 올라가기 등의 활동은 모두 전정감각뿐만 아니라 고유수용성감각을 발달하는 데 효과적입니다.

☑ 회전 움직임에 지나치게 민감하거나 반대로 반응을 보이지 않아요.

☑ 몸이 어떻게 움직이는지 잘 모르는 것 같아요.

☑ 엘리베이터를 못 타요.

☑ 놀이기구 타는 것을 두려워해요.

☑ 높은 곳이나 계단을 올라갈 때 무서워해요.

☑ 균형을 잡는 것을 어려워해요.

5) 고유수용성감각의 기능과 발달 과정

고유수용성감각은 눈으로 보이지는 않지만 몸을 움직일 때 느낄 수 있는 감각입니다. 몸을 움직일 때 내 몸이 어느 위치에 있는지, 어떤 자세를 취하고 있는지, 어느 정도 움직이고 있는지, 어떤 방향과 속도로 움직이는지 등 신체와 근육, 관절의 움직임을 뇌로 전달하는 기능을 담당하지요.

출생 후 아기의 움직임은 대부분 원시반사에 의한 것입니다. 원시반사는 아기의 손바닥을 누르면 손가락을 바로 오므리는 것처럼 외부 자극에 무의식적이고 자동으로 반응하는 것을 일컫습니다. 이러한 원시반사는 생후 수개월 이내에 사라집니다. 이후 뇌가 발달하면서 아기는 손과 발을 의식적이고 자발적으로 움직입니다. 천장에 매달린 모빌을 보고 팔을 들어 뻗고, 목을 가누어 뒤집기도 하고, 네 발로 기기도 하고, 장난감을 가지고 놀면서 열심히 근육과 관절을 움직이지요. 이때 관여하는 감각이 고유수용성감각입니다. 신체가 발달함에 따라 더 많은 움직임을 경험하고 느끼면서 고유수용성감각도 함께 발달하는 것이죠.

영유아 시기의 움직임은 자기 몸을 아는 것부터 시작되므로 고유수용성감각 발달이 필수입니다. 만약 몸을 움직이지 않고 침대에만 누워 있으면 고유수용성감각을 자극하지 못하게 되고, 그러면 자기 몸을 파악하는 것이 어려워집니다. 고유수용성감각이 부족한 아이들은 신체 위치와 움직임을 해석하기 어려워서 시각에 의존할 수밖에 없고 힘 조절이 안 되어서 움직임이 뻣뻣하고 부자연스러우며 사물을 조작하는 것을 어려워할 수 있습니다.

시각이나 청각은 외부 자극에 대해 의식적으로 선택하고 집중할 수 있지만 고유수용성감각은 근육과 관절이 움직일 때 무의식적으로 뇌에 전달되기 때문에 고유수용성감각이 발달하려면 스스로 움직여보고 느끼고 조절하는 과정이 필요합니다.

고유수용성감각 처리가 어려우면 이러한 모습을 보여요

☑ 움직일 때 자주 부딪히거나 넘어져요.

☑ 쉽게 피곤해하고, 쉽게 주저앉아요.

☑ 지나칠 정도로 활동성이 높거나 반대로 활동성이 떨어져요.

☑ 물건을 다룰 때 힘 조절을 어려워해요.

☑ 바른 자세를 유지하기 힘들어하고 균형감각이 부족해요.

☑ 좁은 곳에 들어가서 껴 있는 것을 좋아해요.

☑ 동작을 모방하거나 운동을 할 때 움직임이 서툴러요.

☑ 킥보드나 자전거, 구기운동을 배울 때 시간이 오래 걸려요.

7
감각통합이란?

 움직임을 통해 입력된 감각은 모두 뇌로 전달되며, 감각에 따라 각기 다른 영역의 뇌가 활성화되어 다양한 기능이 산출됩니다. 예를 들어 길 모퉁이의 검은 고양이를 보면 사물을 보는 후두엽과 사물의 위치를 파악하는 두정엽, 사물의 형태 및 색깔을 파악하는 측두엽이 활성화되어 내가 본 것이 무엇이고 어떤 상황인지 파악하게 되면서 시지각 기능이 만들어집니다.

 뇌를 도로로, 감각을 도로에 있는 자동차로 비유한다면 감각이 통합된다는 것은 도로의 자동차들이 올바른 방향으로 순조롭게 움직여서 목적지까지 빠르게 이동하는 것을 의미합니다. 감각통합이 잘 된다면 모든 감각이 잘 뚫린 고속도로처럼 서로를 방해하지 않고 막힘 없이 질주합니다. 하지만 감각이 잘 통합되지 않는다면 교통체증이 생기거나 사고가 나게 되지요.

 다양한 감각 자극을 적절한 양으로 편안하게 받아들이지 못하면 뇌로 올려보낼 감각 정보가 불충분하고 왜곡됩니다. 필요한 감각 정보를 제대로 전달받아야 일상생활을 할 수 있는데 감각 정보를 제대로 받지 못하면 당연히 능숙한 행동을 기대할 수 없지요. 예를 들어 아이가 제대로 서 있지 못하고 흐느적거린다거나 균형을 잃고 잘 넘어진다거나 양말 신기, 가위질과 같은 비교적 간단한 활동

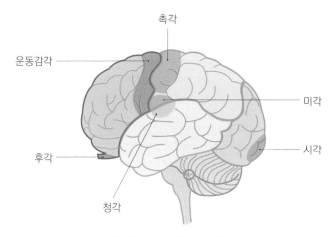

감각과 활성화되는 뇌의 영역

이 잘 안 된다면 감각통합에 어려움이 있는 것입니다. 감각을 잘 처리하지 못하여 신체를 효과적으로 사용하지 못하고 있는 것이죠. 반대로 감각이 적절한 양과 강도로 입력되어 뇌로 잘 보내지면, 즉 감각이 잘 통합되면 '적응반응'이라는 결과물이 나옵니다. 뇌에서 만들어지는 이 결과물은 단계별로 연령에 따라 발달하기 때문에 연령별 발달을 판단하는 척도가 됩니다.

감각통합 1단계는 일차적 감각통합 단계로 전정감각, 고유수용성감각, 촉각을 통해 발달합니다. 전정감각은 고유수용성감각과 통합되어 눈의 움직임을 조절하고 자세를 유지하며 균형을 잡도록 돕습니다. 촉각은 모유 빨기, 음식을 씹고 삼키는 것을 가능하게 하며 피부 접촉을 통해 부모와 애착을 형성하고 편안함과 안정감을 느끼게 하지요.

감각통합 2단계는 감각 운동 발달 시기로 1~2세쯤에 활발해집니다. 신체를 지각하고 신체의 왼쪽과 오른쪽이 협응하여 움직이게 하지요. 네발기기와 같이 교차로 움직이는 것도 가능해집니다.

감각	감각통합의 과정			최종 결과물
	1단계	2단계	3단계	4단계
청각			말하기 언어 이해	집중력 조직력 자존감 자기조절 자신감 학습능력 추상적 사고 논리력 신체와 뇌의 분화
전정감각	안구운동(눈) 자세 균형 근긴장도 중력에 대한 안정감	신체지각 신체 양측 협응 운동계획 활동수준 주의력 정서적 안정감		
고유수용성감각				
촉각	빨기 먹기 엄마와 아이의 애착 촉각적 안정감(편안함)		눈-손협응 시지각 목적 있는 활동	
시각				

출처 : 《감각통합과 아동》 A. Jean Ayres, 군자출판

3단계는 시지각 운동기술이 발달하는 시기로 3세쯤부터 활발해집니다. 시각이 전정감각 및 고유수용성감각과 통합되어 공을 주고받거나 종이에 그림을 그릴 때 필요한 눈과 손의 협응이 가능해집니다. 또한 뇌의 언어중추가 전정감각과 함께 역할을 하여 청지각이 발달되어 의사소통 능력이 향상합니다. 3단계 수준이 되어야 수저로 밥 먹기와 같은 목적 있는 활동을 할 수 있게 됩니다.

4단계는 뇌의 기능이 통합적으로 산출되는 시기로 학습을 하기 위한 준비단계입니다. 이 단계는 3세 이후부터 시작하여 7세까지 활발하게 발달합니다. 이때 감각통합의 최종 결과물로 집중력, 조직력, 자기조절력이 발달하고 논리적이고 추상적인 사고가 가능해집니다.

이처럼 감각통합이 원활하게 이루어지면 단계별로 안정적인 발달이 이루어집니다. 만약 아이가 이렇게 단계에 맞는 의미 있는 활동을 하기 어려워한다면 연령에 알맞은 감각 놀이로 감각통합을 도와주는 것이 좋습니다.

8
연령별 뇌 발달 과정

　뇌 발달 과정에 있어 가장 중요한 단위인 시냅스는 하나의 신경세포(뉴런)에서 다른 신경세포로 신호를 전달하는 접점 부위로 감각 자극이 전달되고 반응하는 과정을 기능적으로 연결합니다. 시냅스는 다양한 자극을 많이 받고 경험을 많이 할수록 연결이 증가하고 충분한 자극을 받지 못하면 연결이 적어집니다. 즉 시냅스를 통해 뇌세포들 사이의 연결이 많아질수록 뇌가 성장하고 발달하는 것입니다. 아이의 뇌는 아직 신경세포가 미성숙하고 시냅스 연결이 부족한 상태이기 때문에 새로운 시냅스가 계속 만들어지려면 적절한 자극과 경험이 중요합니다. 이후 아이의 뇌는 성장 과정에서 불필요한 시냅스를 가지치기하여 가장 효과적인 뇌의 신경 회로를 만들게 됩니다.

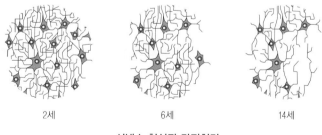

| 2세 | 6세 | 14세 |

시냅스 형성과 가지치기

1) 뇌의 구조

　뇌는 영역마다 서로 다른 기능을 가지고 있으며 발달하는 시기도 다릅니다. 뇌는 크게 3층 구조로 이루어져 있는데 1층은 '생존의 뇌'로 심장을 뛰게 하고 숨을 쉬게 하며 배고픔을 감지하는 뇌줄기(뇌간)와 소뇌가 해당합니다. 1층의 뇌는 출생 후부터 1세까지 가장 활발하게 발달합니다. 2층은 '감정과 본능의 뇌'로 기억을 담당하는 해마와 감정을 조절하는 편도체가 해당합니다. 이 둘을 변연계라 하는데 1세부터는 1층과 2층의 뇌가 함께 발달합니다. 3층은 '사고의 뇌'로 대화 나누기, 논리적으로 사고하기, 추론하기 등을 가능하게 하는 대뇌피질이 해당합니다. 뇌의 구조는 서로 연결되어 있기에 1층과 2층의 기초공사가 잘 이루어져야 3층의 고차원 기능이 제 역할을 할 수 있습니다.

　앞서 말한 것과 같이 뇌의 기능은 영역마다 특정한 시기에 가장 잘 발달하고 정보를 효율적으로 습득합니다. 그러니 시기별로 필요한 자극이 무엇인지 알고 특정한 자극이 결핍되지 않게 해야 합니다. 무조건 많은 양의 자극을 주려 하기보다는 해당하는 시기에 맞는 적기 자극을 주는 것이 좋습니다.

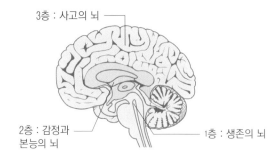

뇌의 3층 구조

2) 연령별 뇌 발달 과정

0~3세는 어느 한 부분의 뇌가 발달하는 것이 아니라 감각, 운동, 인지, 정서를 담당하는 뇌의 영역이 고르게 발달하는 시기입니다. 또한 외부 환경의 영향을 가장 민감하게 받아 뇌가 급격하게 성장하는 시기이기도 합니다. 이 시기는 촉각, 시각, 청각, 미각, 후각 등 오감의 자극을 통해 신경세포가 연결되면서 활발하게 발달하는 뇌 발달 민감기이므로 특정 감각에만 집중하는 게 아니라 감각을 고르게, 전반적으로 많이 자극하는 것이 좋습니다. 만약 시각이나 청각과 같은 한 가지 감각에 치중하게 되면 뇌 전체 용량은 커지지 못한 채 한 가지 기능만 발달하게 되어 결국 많은 정보를 받아들일 수 없게 됩니다.

이 시기는 또한 감정의 뇌가 최고로 발달하는 시기이기도 합니다. 따라서 아이가 부모로부터 충분한 애정을 받고 공감 받는 경험을 하는 것이 중요합니다. 부모와의 스킨십은 뇌를 집중적으로 자극하고 연결을 강화하며 아이에게 정서적 안정감을 주기 때문에 감정의 뇌를 발달시키는 밑거름이 됩니다.

이 시기에 가장 중요한 자극과 경험은 다양한 감각을 자극하는 놀이와 부모와

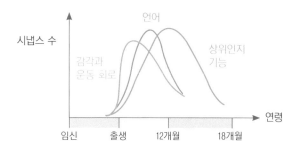

뇌 발달의 결정적 시기

함께하는 몸 놀이입니다. 아이는 스스로 신체를 부지런히 움직이며 다양한 감각 자극을 받는 경험을 통해 뇌의 구조를 튼튼하게 만들게 됩니다.

4~6세는 전두엽이 가장 활발하게 발달하는 시기입니다. 전두엽은 뇌에서 일어나는 모든 일에 적극적으로 관여하여 사고하고 판단하는 사령탑 역할을 합니다. 이 시기 전두엽이 발달하면서 점차 종합적으로 사고하게 되고 도덕성을 갖게 되면서 감정과 본능의 뇌를 제어하기 시작합니다. 이러한 전두엽의 발달은 자기 조절력과 자제력으로 연계되어 사회성의 기반이 됩니다. 반면 전두엽의 기능이 미숙하면 충동적이고 감정을 조절하기 어려워서 유치원이나 어린이집 생활에 어려움을 보일 수도 있습니다.

그러므로 이 시기에 중요한 자극과 경험은 사회성을 배우는 놀이와 규칙이 있는 몸 놀이입니다. 다양한 놀이 경험을 통해 기본적인 예의와 배려를 배우고 나

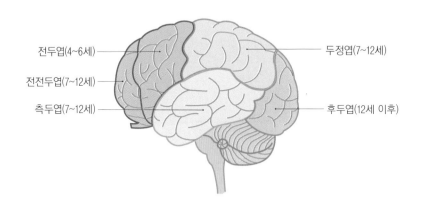

전두엽(4~6세)
전전두엽(7~12세)
측두엽(7~12세)
두정엽(7~12세)
후두엽(12세 이후)

연령별 뇌 발달 부위

의 감정과 타인의 감정을 이해하게 하는 것이지요. 이 시기에는 놀이를 할 때도 아이가 지켜야 할 규칙을 알려주고 지시를 따를 수 있게 도와야 합니다. 부모가 한계를 설정해 주지 않거나 아이가 규칙이나 한계를 지키지 못하면 친구들과의 놀이 경험이 확장되기 어렵고 부정적인 신경세포들이 연결되어 좋지 않은 습관이 형성될 수 있습니다.

7~12세는 좌뇌와 우뇌가 통합되는 시기로 사고의 뇌가 발달하는 시기입니다. 언어와 청각 기능을 담당하는 측두엽, 그리고 공간 지각과 수학적 사고를 담당하는 두정엽이 매우 활발하게 발달합니다. 또한 청각정보를 처리하고 언어를 담당하는 측두엽이 발달하면서 글씨를 쓰고 읽는 한글학습이 빠른 속도로 가능해집니다. 모국어 외에 새로운 언어를 배울 수 있는 최적의 시기이기도 하지요. 두정엽은 모든 감각을 종합하는 역할을 하는데 귀를 통해 들어온 소리 정보와 눈을 통해 들어온 시각 정보를 통합하여 공간을 인식하고 수학적 정보의 사고를 처리해 줍니다. 따라서 두정엽이 발달하면서 여러 종류의 새로운 학습이 가능해집니다.

또한 이 시기에는 전전두엽과 전두엽도 발달하여 단순히 글자를 알고 말을 하는 것뿐만 아니라 저장된 정보를 종합하고 계획하여 의사결정을 내리는 고도의 실행능력이 형성됩니다. 따라서 이 시기에는 몸 놀이와 함께 논리적인 사고나 공간 지각력을 키우는 보드게임, 퍼즐, 한글이나 수 학습 등이 두뇌 자극을 주는 데 좋습니다.

9
우리 아이 발달 단계 이해

아이의 성장과 발달에는 일정한 순서와 방향이 있습니다. 이전의 발달이 다음 발달의 기반이 되어 점차 높은 수준의 발달이 단계적으로 이루어집니다. 단 성별, 유전적 요인, 양육 환경에 따라 발달 속도의 차이가 있어서 모두 같은 속도로 발달하지는 않습니다. 심지어 쌍둥이의 경우에도 발달의 개인차가 있으니 나이가 같아도 다른 아이와 발달 수준을 비교하는 것은 큰 의미가 없습니다.

아이의 발달은 크게 신체, 인지, 언어, 정서, 사회성 발달 등으로 분류됩니다. 발달 영역별로 고유한 발달 과정이 있으나 서로 밀접하게 연관되어 포괄적으로 발달합니다. 꼭 알아두어야 할 것은 아이의 발달에 결정적 시기가 있다는 것입니다. 물론 결정적 시기를 놓친다고 발달이 멈추는 것은 아니지만 발달이 가장 빠르고 자연스럽게 이루어지는 결정적 시기에 알맞은 적절한 환경적 자극과 다양한 경험을 주는 것이 효과적입니다. 그러므로 부모는 연령에 따라 발달 영역별로 어떻게 발달이 이루어지는지, 발달 단계 및 특징을 알아두는 것이 좋습니다. 그래야 아이의 변화를 이해하고 아이의 성장과 발달에 알맞은 교육을 할 수 있으며 골고루 자극을 주어 균형 있는 발달을 도모할 수 있습니다.

발달 단계는 일반적으로 출생 전을 태아기, 출생 후부터 12개월까지를 영아기, 1세부터 3세 11개월까지를 유아기, 4세부터 6세 11개월까지를 학령전기, 7세부터 12세까지를 학령기로 구분합니다. 본 책에서는 감각과 운동 발달의 자극과 경험이 가장 필요한 시기인 유아기, 학령전기 그리고 학령기(7세부터 8세까지의 초기 학령기만 소개)로 구분하여 발달 단계를 제시하였습니다. 놀이 시작 전에 각 발달 영역별로 발달 과업에 대해서 알아보고 시기별로 아이에게 필요한 활동을 해 보세요.

유아기

유아기는 1세(12개월)에서 3세 11개월(47개월)까지로 자아가 발달하면서 자율성과 독립성이 생기는 시기입니다. 낯선 환경과 상황에 민감하게 반응하고 적응하는 시기로 자기주장을 강하게 나타냅니다.

신체(대소근육) 발달

네발기기와 혼자 서기를 거쳐 걷기가 가능해지면서 아이의 행동반경이 넓어집니다. 더 넓은 환경을 적극적으로 탐색하면서 대근육과 소근육 운동을 하고 새로운 운동기술을 습득하지요. 넘어지지 않을 정도의 균형감각을 갖게 되면서 뒤로 걷기가 가능해지고 선을 따라 앞으로 걸을 수 있고 안정적으로 달릴 수 있게 됩니다. 그리고 움직임의 안정성과 기동성이 좋아지면서 대근육을 이용한 놀이를 스스로 찾아서 즐기게 됩니다. 계단에서 내려오고 제자리에서 두 발로 점프도 하고 30cm 정도 앞으로 멀리 뛰기도 가능해지죠.

눈-손협응과 소근육이 점차 발달하면서 정교하고 세밀한 움직임이 만들어집니다. 엄지와 검지 손가락 끝으로 블록이나 작은 과자를 쥐고 놓기가 가능해지면서 블록을 위로 쌓을 수 있습니다. 그리고 손바닥 전체로 색연필을 잡아 낙서를 하는 과정을 거쳐 능숙하게 세 손가락으로 색연필을 잡아 직선과 동그라미를 그릴 수 있게 됩니다. 3세경에는 두 손으로 종이 찢기, 책장 넘기기, 숟가락과 포크 사용하기와 같이 일상생활에서 필요한 소근육 움직임에 점차 익숙해집니다.

인지와 언어 발달

감각에 의존하는 영아기와 다르게 유아기에는 감각 경험에 대해 기억하고 사고하는 능력이 발달합니다. 시각, 청각, 촉각, 고유수용성감각이 기억과 연결되는 것이지요. 예를 들어 토마토를 보거나 만지면서 빨간색이라는 색깔을 연결하여 기억하게 됩니다. 이러한 과정을 통해 사물의 이름을 알고 지각하는 것과 더불어 언어가 발달하기 시작합니다. 아는 단어와 어휘의 수가 급증하여 대략 3세가 되면 3~5개 정도의 단어를 사용하여 문장을 만들 수 있습니다. 타인과의 의사소통이 가능하지만 대부분 자기중심적 언어를 사용하여 자기 생각을 일방적으로 전달하기 때문에 아직 사회화된 언어의 사용은 미흡한 수준입니다.

이 시기에 감각기관을 통해 받은 정보에 이름을 붙이고 의미와 목적을 부여하는 과정에서 서로 간의 인과관계를 파악하고 상징적 사고를 하게 되면서 소꿉놀이와 병원놀이와 같은 가상 놀이가 가능해집니다.

정서와 사회성 발달

유아기 아이는 자신의 의지를 갖게 되고 자율성이 생기면서 뭐든지 스스로 해보고 싶어합니다. 자신의 의도를 표현함에 따라 '내가 할래'라는 말을 자주 하고 부모의 요구에 '아니야, 싫어'라고 하며 거부하는 것이 다반사입니다. 특히 3세 이전에는 본능과 감정에 민감하기 때문에 욕구가 좌절되었을 때 좌절감과 수치심을 크게 느낍니다. 그러나 자신의 감정을 언어로 표현하거나 조절하는 것이 어려워서 바닥에 주저앉아 떼를 쓰거나 발버둥을 칠 수도 있습니다.

이 시기의 아이는 감정을 다루는 것이 미숙하지만 독립적으로 해 보고 싶은 욕구가 충만하다는 것을 이해해야 합니다. 아이의 행동에 강압적으로 대응하면 고집이 더 세질 수 있고, 반대로 떼를 쓰는 상황을 빨리 해결하기 위해 아이의 요구를 무조건 들어주면 올바른 표현을 배우지 못하고 떼를 쓰는 일이 반복될 수 있습니다. 그러니 유아기에는 아이의 감정을 읽어주되 옳고 그름과 감정을 표현하는 방법을 알려주어 갈등 상황을 스스로 극복할 수 있도록 도와주세요. 부모가 대신 해주기보다는 옆에서 지켜봐주는 것이 좋습니다. 부모의 현명한 대처가 아이의 정서 발달에 도움이 됩니다.

유아기는 부모 이외의 낯선 환경과 사람에 대해 적응하는 시기입니다. 아직은 친구들과 함께 놀기보다는 한 공간에서 비슷한 장난감을 가지고 각자 놀이를 합니다. 모방 놀이를 통해 사회성이 발달하는 시기이므로 아이가 다양한 방법으로 모방 놀이를 할 수 있도록 안전한 도구를 준비해 주는 것이 좋습니다.

학령전기 아동

학령전기는 4세(48개월)부터 6세 11개월(83개월)까지로 초등학교 교육을 받기 위해 준비하는 시기입니다. 어린이집이나 유치원과 같은 기관에 다니며 다른 사람과의 상호작용을 경험하게 됩니다.

신체(대소근육) 발달

학령전기 아동은 운동능력의 발달로 신체의 움직임이 세련되지고 몸의 움직임을 조절할 수 있게 됩니다. 빠르게 달리다가 속도를 조절하여 멈출 수 있고 장애물을 피해서 움직일 수 있습니다. 또한 왼쪽과 오른쪽의 움직임을 조절하여 세발자전거를 탈 수 있고, 도구를 이용하여 체육활동을 할 수 있게 되면서 공을 던지거나 찰 때 거리와 힘의 세기를 조절할 수 있지요.

이 시기에는 대근육과 더불어 소근육도 발달합니다. 손의 세밀한 움직임이 가능해지고 손의 힘과 손목의 움직임을 조절하게 되면서 각이 있는 도형을 그릴 수 있고 선 안에 색칠을 할 수도 있습니다. 가위질을 할 때 종이를 잡은 쪽의 손을 조금씩 돌리면서 각이 있는 도형이나 곡선을 반듯하게 자를 수 있을 정도로 정교한 움직임과 두 손의 협응 능력이 발달합니다.

일상생활에서는 혼자 옷을 입고 벗을 수 있고 단추를 풀 수도 있어요. 식사 도구를 사용하여 스스로 식사를 하고 그 후에 양치를 하고 손을 씻을 수 있을 정도로 자조 능력이 발달합니다.

인지와 언어 발달

자기 주변의 사람과 사물, 자신을 둘러싼 환경을 인식하고 구분하면서 인지와 언어가 발달합니다. 환경에 대한 관심은 호기심으로 이어지고 질문을 많이 하게 되면서 사회적 상호작용이 활발해집니다. 이러한 상호작용을 통해 새로운 낱말과 다양한 어휘를 배우고 행동보다는 언어로 자기 생각을 표현하게 되면서 사회적인 의사소통이 향상됩니다.

또한 학습한 어휘를 바탕으로 수용언어가 발달하면서 복잡한 지시 따르기도 가능해집니다. 선생님이 말하는 여러 가지 지시를 이해하고 따를 수 있기 때문에 단체 생활이 점점 수월해지지요. 인지 발달로 인해 유아기의 자기중심적인 사고에서 조금 더 객관적인 입장으로 상황을 보게 되고 전체보다 부분에 집중할 수 있게 되지만 여전히 자기중심적인 성향은 남아 있습니다.

정서와 사회성 발달

자기중심적인 사고에서 점차 벗어나서 나 이외의 또래 친구들과 상호작용을 할 준비를 시작합니다. 단체 생활을 통해 친구들과 많은 시간을 함께 지내며 타인과 교류하는 것을 경험하고 사회적인 관계가 확장됩니다. 이 시기는 사회성 발달의 중요한 시기로 내가 좋아하는 색깔, 내가 좋아하는 음식 등 '나'를 중심으로 생각하던 아이들이 내가 좋아하는 것을 타인과 공유하게 됩니다. 장난감을 빌리거나 빌려주거나 간단한 대화를 하는 등 연합 놀이를 즐기기 시작하지요. 이러한 긍정적인 상호작용을 통해 다른 사람의 행동을 보고 감정을 이해할 수 있게 됩니다. 달리기를 하다가 넘어진 친구가 다쳐서 울면 '친구가 아프다', '친구가 아파서 슬프다'라고 생각하고 '울지 마'라고 말할 수 있고 아픈 친구를 걱정하기도 해요. 이처럼 다른 사람의 감정과 상황을 이해하고 공감하며 감정에 대해 적절하게 언어로 표현할 정도로 정서가 발달합니다.

또한 타인을 배려하는 방법을 배우고 친구와 차례를 지켜서 노는 것이 가능해집니다. 내 차례에 더 하고 싶다고 울거나 화내기보다는 자기 차례를 기다리며 같이 놀 수 있지요. 간단한 규칙을 지켜야 함께 놀 수 있다는 것을 알게 되면서 '무궁화 꽃이 피었습니다'나 숨바꼭질 같은 단체 놀이도 할 수 있습니다.

학령기는 7세(84개월)부터 12세까지로 초등학교를 다니는 시기입니다. 학교에서 친구들과 관계를 맺고 소속감을 형성하며 생활 습관과 학습 태도 역시 형성됩니다. 이 책에서는 감각통합이 활발히 이루어지는 8세까지의 초기 학령기 발달 내용만 안내합니다.

신체(대소근육) 발달

유연성과 민첩성, 균형감각과 협응 능력의 발달로 인해 이전보다 운동 기술을 조정하는 능력이 향상되고 움직임이 더 정교해집니다. 학령전기에 경험했던 공 던지기 및 받기와 같은 움직임이 더 민첩해지고 손과 발의 협응 능력과 균형감각이 발달하면서 줄넘기도 가능해집니다. 그리고 학교에서 집단 활동을 하면서 팀으로 경쟁하는 놀이에 관심이 생기고 축구, 야구, 피구와 같이 다양한 스포츠를 배우기 시작하지요.

소근육이 더욱 발달하여 세밀하게 손가락을 조작할 수 있고 다양한 도구를 안정적으로 사용할 수 있습니다. 예를 들어 글자의 크기를 조절하여 칸 안에 들어가게 쓸 수 있고 풀과 가위, 색종이 등 다양한 도구를 적절하게 이용하여 만들기를 할 수 있어요. 보통 8세가 되면 요구르트 뚜껑이나 우유팩을 혼자 열 수 있게 됩니다. 일상생활에서는 속옷부터 겉옷까지 순서대로 옷을 입고 스스로 외출 준비를 할 수 있을 정도로 자조 능력이 발달합니다.

인지와 언어 발달

자기중심적 사고에서 벗어나 주변 환경에 대한 호기심과 탐구력으로 다양한 관점에서 사물을 지각하게 됩니다. 즉 사물을 객관적으로 보는 것뿐만 아니라 직관적인 사고에서 논리적 사고로 전환이 이루어지지요. 따라서 새로운 지식을 습득하고 효율적으로 문제를 해결할 수 있으며 사고가 유연해집니다.

또한 탈중심화로 인해 보존개념을 획득하게 됩니다. 예를 들어 같은 양의 물을 다른 컵에 담아도 컵에 담긴 물의 양은 실제로 같다는 것을 이해할 수 있게 됩니다. 사물을 길이, 무게, 부피 등과 같은 특성에 따라 순서를 매길 수 있는 서열화의 능력도 갖추게 되는데 초기 학령기에는 길이의 서열화 정도만 가능합니다.

학령기 아동은 자신이 기억하고 알게 된 정보를 논리적으로 표현하는 것이 가능해지면서 다른 사람에게 상황을 설명하거나 자신의 감정과 생각을 말할 수 있고 풍부한 의사소통이 가능해집니다. 그러나 추상적인 상황에서의 문제해결은 여전히 어려울 수 있습니다.

정서와 사회성 발달

기본적인 정서의 분화가 이루어지는 시기로 타인의 감정을 이해하고 헤아릴 수 있을 정도로 공감 능력이 발달합니다. 타인의 표정과 속마음이 다를 수 있다는 것을 알게 되고, 미묘한 감정선을 읽으며 상대방의 입장과 상대방이 처한 상황을 이해할 수 있게 됩니다. 이렇게 타인이 어떻게 생각하고 느낄지를 이해하는 능력인 조망수용 능력이 발달하면서 자신의 생각과 감정 역시 이해하게 됩니다.

또한 사회적 규범을 따르고 사회적 관계가 확장되면서 사회적 상호작용에 필요한 도덕의식, 역할과 책임에 대해 인식하게 됩니다. 특히 교우 관계가 매우 중요해지면서 여러 상황에서 바르게 경쟁하고 협동하는 경험을 통해 점차 바람직한 사회적 태도가 형성됩니다.

Part 2

1세~3세 두뇌 자극 몸 놀이

유아기(1세~3세)

유아기는 촉각, 전정감각, 고유수용성감각이 통합되는 중요한 시기입니다. 다양한 물건을 손으로 만지는 경험을 통해 촉각의 조직화가 이루어지고 정서적 안정감을 느끼게 됩니다. 이 시기에 전정감각과 고유수용성감각이 원활하게 통합되면 움직이는 속도와 방향을 알고 균형을 유지하며 뛰어놀 수 있고, 몸의 위치를 알고 공간에 알맞게 움직일 수 있습니다.

만약 이 시기에 중요한 감각이 제대로 통합되지 않으면 아래와 같은 어려움을 보일 수 있습니다. 아이가 혹시 이러한 어려움을 보이는지 확인해 보세요.

☐ 새로운 환경에 적응하는 데 시간이 걸리고 불편해 보여요.

☐ 큰 자극이 아니어도 쉽게 놀랄 때가 많고 무서워하는 게 많아요.

☐ 항상 주먹을 쥐고 있거나 손에 작은 물건을 쥐고 있어요.

☐ 걷거나 달릴 때 자주 넘어져요.

☐ 놀이터에서 그네나 다양한 놀이기구를 타는 것을 어려워해요.

☐ 움직이는 것을 거부할 때가 많고 뛰어노는 것을 안 좋아해요.

☐ 간단한 체조나 율동을 할 때 눈으로 보지 않고는 잘 따라 하지 못해요.

☐ 팔, 다리가 어디에 있는지 잘 모르는 것 같아요.

하늘 자전거 타기

 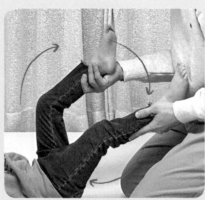

⣿ 준비물 놀이매트

QR코드로 활동
동영상을 확인하세요.

☐ 사전 준비

☑ 바닥에 매트를 깔고 아이는 등을 대고 눕고 부모는 아이 앞에 가까이 앉아요.

⚡ 초간단 놀이법

아이가 등을 대고 누우면 부모가 아이의 두 다리를 잡고 하늘 방향으로 자전거를 타듯이 왼쪽 오른쪽 교대로 둥글게 굴려줍니다.

✚ 다리의 움직임에 익숙해지면 스스로 다리를 굴려봅니다.

아이는 보통 생후 10~15개월쯤이면 첫걸음마를 떼고 15~18개월이 되면 균형을 잡고 걸을 수 있습니다. 걷기는 아이에게 있어 매우 극적인 신체 변화로, 몸의 균형을 유지하고 잘 걷기 위해서는 중력에 대항하는 힘을 길러야 합니다.

이 놀이는 누운 자세에서 위로 두 다리를 들고 자전거를 타듯이 교대로 굴리는 활동입니다. 아이가 누워서 다리를 위로 올리려면 등을 바닥에 붙이고 배에 힘을 줘야 합니다. 이 자세를 취하는 것만으로도 코어근육과 척추를 세우는 근육을 자극하며, 다리를 하늘 방향으로 올려서 굴리면서 움직임을 조절하는 경험을 하게 됩니다. 또한 이 활동은 도움 없이 혼자 걷기 시작한 아이에게 필요한 근육을 강화하여 균형 있는 걷기 자세를 만드는 데 도움이 됩니다.

이 시기의 아이들은 부모와의 교감을 통해 뇌 발달이 이루어지니 이 활동을 할 때는 아이와 눈을 맞춘 상태에서 다리를 부드럽게 잡고 굴려주세요. 이때 아이의 표정이나 반응을 살펴 천천히 혹은 빠르게 굴리면서 아이의 표현에 민감하게 반응하는 것이 좋습니다. 활동 전과 후에 아이의 다리를 부드럽게 마사지하는 것도 감각과 두뇌 발달에 효과적입니다.

감각통합&뇌 발달
등을 대고 누운 자세에서 부모가 아이의 두 다리를 잡고(촉각) 자전거를 타듯이 교대로 움직여줍니다(고유수용성, 신체협응, 움직임조절).

감각	촉각	청각	전정감각	고유수용성	시각
운동기능	균형감각	운동계획	신체협응	움직임조절	민첩성
정서	정서적안정	놀이경험	감정표현	감정조절	자기조절력

감각　운동기능　시지각　언어　인지　정서　사회성

이불 섬 기어가기

⋮⋮ **준비물** 이불 1개, 크기가 다른 쿠션 4개, 장난감 1개

QR코드로 활동
동영상을 확인하세요.

⌐⌐ **사전 준비**

☑ 바닥에 크기가 다른 쿠션 여러 개를 두고 그 위에 이불을 덮어 올록볼록한 이불 섬을 만들어요. 이불 섬의 반대쪽 끝에는 아이가 좋아하는 장난감을 둡니다.

☑ 아이가 네발기기 자세를 균형 있게 유지할 수 있는지, 네발기기로 앞으로 이동할 수 있는지 확인해요.

✚ 네발기기로 이동하는 것을 어려워하면 팔과 다리를 교차로 움직이는 데 익숙해지도록 한 손을 앞으로 뻗을 때 반대 쪽 다리를 잡고 앞으로 밀어주세요.

네발기기 자세로 이불 위를 건너서 장난감이 있는 곳까지 가요.

✚ 아이가 이불 섬을 한 번에 지나가기 힘들어하면 이불 아래 넣어 둔 쿠션을 적당히 빼내어 편평하게 한 후에 다시 시도해요.

📧 **아동발달전문가의 조언**

이 놀이는 울퉁불퉁한 이불 위를 네발기기로 건너는 활동입니다. 네발기기는 양쪽 손바닥과 두 무릎으로 체중을 균형 있게 지지하는 자세로, 발달 속도의 개인차는 있지만 보통 생후 8~10개월이 되면 몸통을 바닥에서 들어 올려 네 발로 기기 시작합니다.

네발기기는 손과 발이 교차하여 움직이기 때문에 좌뇌와 우뇌에 통합적인 자극을 주어 뇌 발달을 촉진하며, 네 발로 기는 과정에서 고유수용성감각을 자극하고 균형감각을 익히게 됩니다. 또한 네발기기는 좌우 대칭으로 자세가 정렬되고 체중을 안정적으로 분산하여 지지하므로 대근육과 소근육의 발달을 촉진하는 데 매우 효과적인 활동입니다.

감각통합&뇌 발달
네발기기 자세를 유지하고(고유수용성, 신체협응) 울퉁불퉁한 지면에서 균형을 잡으며(균형감각) 이불 위를(촉각) 기어갑니다(운동계획, 놀이경험).

감각	촉각	청각	전정감각	고유수용성	시각
운동기능	균형감각	운동계획	신체협응	움직임조절	민첩성
정서	정서적안정	놀이경험	감정표현	감정조절	자기조절력

앉아서 공 굴리기

⠿ 준비물 탱탱볼 1개

QR코드로 활동
동영상을 확인하세요.

⌐ 사전 준비

☑ 공을 굴리는 데 방해가 되지 않도록 주변을 정리하고 아이와 부모는 어른 걸음으로 2보 정도 떨어져서 마주 보고 앉아요.

☑ 두 다리를 넓게 옆으로 벌리고 몸통을 곧게 펴고 앉을 수 있는지 확인해요.

➕ 몸통을 곧게 펴고 앉기 어려워하면 아이 뒤에 앉아 골반을 잡아주어 바르게 앉는 자세를 도와주세요.

☑ 양쪽 팔꿈치를 접었다 동시에 앞으로 펴는 연습을 합니다.

공을 두 손으로 힘껏 밀어서 부모 쪽으로 굴려요. 그리고 다시 부모가 굴려주는 공을 두 손으로 받아요.

🗨 아동발달전문가의 조언

이 놀이는 부모와 아이가 마주 보고 앉아 두 손으로 공을 주고받는 활동입니다. 공은 아이가 걷기 시작하면서 움직이는 반경이 넓어질 때 다양한 움직임을 유도할 수 있는 좋은 장난감입니다. 아이는 두 손으로 공을 굴려서 부모 쪽으로 보내고 부모가 굴려주는 공을 잡으며 부모와의 상호작용을 경험합니다. 또한 이 놀이를 통해 목표하는 방향으로 공을 굴리면서 거리와 간격에 따라 힘을 조절할 수 있는 소근육 조절능력을 기르게 됩니다.

놀이를 할 때 부모가 '데굴데굴', '통통통'과 같이 의성어와 의태어 중심의 소리 자극을 주면 더 좋습니다. 이 시기의 적절한 언어 자극은 아이가 놀이의 재미를 느끼고 언어가 발달하는 데 직접적인 영향을 줍니다. 응용 놀이로 점점 거리를 넓혀 공을 주고받을 수도 있고 한 손으로 공을 굴릴 수도 있습니다.

감각통합&뇌 발달
앉은 자세에서(균형감각) 두 팔을 앞으로 뻗어 부모를 향해 공을 힘껏 굴리고(신체협응, 움직임조절) 다시 굴러오는 공을 잡으며 부모와 함께 공놀이를 합니다(놀이경험, 상호작용).

운동기능	균형감각	운동계획	신체협응	움직임조절	민첩성
정서	정서적안정	놀이경험	감정표현	감정조절	자기조절력
사회성	적응력	상호작용	협동심	규칙이해	사회적기술

무릎서기로 공 붙이기

⠿ 준비물 볼풀공 5개, 성인용 의자 1개, 양면테이프, 바구니 1개,
놀이매트

QR코드로 활동
동영상을 확인하세요.

⌐ ⌐ 사전 준비

☑ 바닥에 매트를 깔고 아이가 움직이는 데 방해가 되지 않게 주변을 정리해요.

☑ 아이가 있는 곳에서 어른 걸음 3보 정도 거리에 등받이가 보이게 의자를 세
우고 등받이에 양면테이프를 어른 손바닥 세 뼘 정도의 길이로 가로로 붙입니다.

☑ 볼풀공이 담긴 바구니는 아이의 오른손(우세손) 쪽에 둡니다.

☑ 아이가 무릎서기 자세를 안정적으로 10초간 유지할 수 있는지 확인해요.

1. 바구니에서 공을 하나 꺼내 들고 무릎서기 자세로 의자까지 이동해요.
2. 양면테이프가 붙어 있는 의자 등받이에 공을 붙여요.

📋 아동발달전문가의 조언

무릎서기 자세는 서서 이동하는 자세보다 몸통의 안정성과 신체협응이 훨씬 더 요구되는 자세입니다. 게다가 무릎서기 자세로 이동하려면 앞으로 넘어지지 않게 몸에 집중해야 하지요. 이때 아이의 뇌에서 근육으로 전달되는 감각이 고유수용성감각입니다. 뇌는 분명한 목적이 있을 때 크게 활성화되므로 단순한 무릎서기 놀이보다는 공을 붙이기 위해 무릎서기로 이동하는 놀이가 더 좋습니다. 더불어 공을 붙일 곳을 찾고 붙이면서 시각과 운동의 협응력도 발달합니다. 이 놀이를 할 때는 아이가 최대한 몸통을 세우고 천천히 앞으로 이동할 수 있도록 격려해 주세요. 만약 아이가 무릎서기 자세로 앞으로 이동할 때 균형을 잡기 어려워하면 두 팔을 비행기 날개처럼 벌려서 균형을 잡으라고 알려주세요.

감각통합&뇌 발달

공을 한 손에 쥐고(촉각) 의자가 있는 곳까지 무릎서기 자세로 이동하여(고유수용성, 신체협응, 균형감각, 운동계획) 의자에 공을 붙입니다(시각주의력, 시운동협응).

감각	촉각	청각	전정감각	고유수용성	시각
운동기능	균형감각	운동계획	신체협응	움직임조절	민첩성
시지각	시각주의력	시각추적	위치지각	시각기억력	시운동협응

감각　운동기능　시지각　언어　인지　정서　사회성

훌라후프 터널 통과하기

⠿ 준비물　훌라후프 2개

QR코드로 활동
동영상을 확인하세요.

⌐」 사전 준비

☑ 엄마와 아빠가 간격을 두고 훌라후프를 1개씩 세워서 준비해요

✚ 잡아줄 사람이 부족하면 의자에 테이프로 훌라후프를 고정해서 세워주세요.

⚡ 초간단 놀이법

훌라후프에 닿지 않도록 몸을 숙여서 훌라후프 터널을 연속으로 통과해요.

아이들은 몸을 움직이면서 신체를 인식하는 감각이 발달합니다. 그러니 이 시기에 부모는 아이가 몸을 효율적으로 움직이고 탐색할 수 있는 기회를 최대한 제공해 주는 것이 좋습니다.

이 놀이를 통해 아이는 훌라후프의 위치와 공간에 맞춰 자신의 몸을 어느 정도 숙여야 훌라후프에 걸리지 않고 통과할 수 있는지 생각하게 됩니다. 아이가 첫 번째 훌라후프를 통과할 때는 몸을 적절하게 숙이는 것이 어려울 수 있지만 두 번째 훌라후프를 통과할 때는 좀 더 쉽게 통과할 수 있을 겁니다. 환경을 탐색하는 기회가 쌓일수록 몸이 환경에 맞춰 적절하게 움직일 준비가 되기 때문이지요. 처음에는 훌라후프 안으로 들어가 통과하는 과정이 생각대로 되지 않아 움직임이 둔해 보일 수 있지만 놀이를 하다 보면 점차 신체협응력이 발달해 몸을 효율적으로 움직이게 됩니다.

평소 신체협응력이 부족한 아이들은 옷이나 양말을 입고 벗을 때 움직임이 서툴러 시간이 오래 걸릴 수 있습니다. 그런다고 재촉하거나 대신 해주지 마세요. 조금 느리더라도 스스로 하는 경험이 쌓이면 점차 능숙해집니다.

감각통합&뇌 발달

훌라후프 두 개의 위치와 공간을 보고(시각, 위치지각) 선 자세에서 몸을 숙여(고유수용성, 신체협응, 균형감각) 훌라후프를 연속으로 통과합니다(운동계획).

감각	촉각	청각	전정감각	고유수용성	시각
운동기능	균형감각	운동계획	신체협응	움직임조절	민첩성
시지각	시각주의력	시각추적	위치지각	시각기억력	시운동협응

발등 위에서 왈츠

:: **준비물** 놀이매트

QR코드로 활동
동영상을 확인하세요.

⚡ **초간단 놀이법**

부모와 손을 마주 잡고 부모의 발등 위에 서서 다양한 방향(앞, 뒤, 옆, 회전)으로
춤을 추듯이 함께 움직여요.

➕ 아이가 균형을 잡기 어려워하면 아이의 팔이나 등을 잡고 몸을 부모 쪽으로
가까이 붙여서 안정감 있게 설 수 있도록 도와주세요.

아이들은 아무리 좋아하는 장난감이라도 혼자 가지고 놀면 금방 지루해 하지만 부모와 함께하는 몸 놀이는 땀이 흥건해질 때까지 놀고도 더 놀고 싶어해요. 이 시기에 부모와 눈을 마주치고 교감하는 놀이의 재미는 장난감 놀이와는 비교할 수 없기 때문이지요. 특히 아이는 부모와 몸을 맞대고 함께 움직이면서 부모와 하나로 이어져 있음을 느끼고 정서적으로 안정감을 갖게 됩니다.

이 놀이는 부모와 손을 마주 잡고 발등 위에 선 상태로 부모가 움직이는 속도와 방향에 맞춰서 아이도 함께 움직이는 활동입니다. 아이가 이 자세에서의 움직임이 편안해 보이면 발을 약간 높이 들어 움직여보세요. 아이 혼자서는 들기 어려운 높이로 다리를 들어 움직이면서 구름 위를 걷는 듯한 느낌을 경험할 수 있습니다.

영유아기는 부모가 아이의 모델이 되는 시기이므로 평소에도 아이에게 다양한 행동과 표정을 많이 보여주세요. 다만 아직 인지적으로 좋은 행동과 그렇지 못한 행동을 구분하기 어려운 시기이니 아이가 바람직한 모방을 할 수 있는 본보기를 보여주는 게 좋습니다.

감각통합&뇌 발달
부모와 손을 마주 잡고 부모의 발등 위에 서서(균형감각) 부모가 움직이는 속도와 방향에 따라(움직임조절) 함께 움직입니다(정서적안정, 놀이경험, 상호작용).

운동기능	균형감각	운동계획	신체협응	움직임조절	민첩성
정서	정서적안정	놀이경험	감정표현	감정조절	자기조절력
사회성	적응력	상호작용	협동심	규칙이해	사회적기술

바구니로 물건 옮기기

준비물 일상에서 자주 접하는 물건(숟가락, 젓가락, 장난감 등), 넓은 바구니 3개

QR코드로 활동 동영상을 확인하세요.

사전 준비

☑ 물건이 담긴 바구니와 빈 바구니를 어른 걸음 3보 간격을 두고 놓아요.

☑ 아이는 자기 바구니를 들고 시작점(물건이 담긴 바구니)에 서요.

초간단 놀이법

1. 부모가 말하는 물건의 이름을 듣고 물건이 담긴 바구니에서 물건을 꺼내요.

2. 물건을 자기 바구니에 담고 이동하여 도착점(빈 바구니)에 물건을 옮겨요.

이 시기의 아이는 언어가 발달하면서 언어적 의사소통이 적극적으로 이루어지는 시기입니다. 아직은 아는 단어가 많지 않지만 일상에서 자주 접하는 물건의 이름을 알고 원하는 물건을 언어로 요구할 수 있습니다. 예를 들어 부모가 "빠방 가져오세요." 하면 '빠방'이라는 단어와 물건을 연결하여 자동차 장난감을 가져올 수 있지요. 쉴 새 없이 "뭐야?", "뭐야?" 하고 질문을 던지겠지만 물을 빨아들이는 스펀지처럼 물건의 이름을 빠르게 습득하는 시기이니만큼 귀찮더라도 아이의 질문에 적절한 반응과 대답을 해주는 것이 좋습니다.

이 놀이는 물건의 이름을 듣고 변별하여 간단한 지시를 따르는 활동입니다. 듣고 이해하는 수용 언어를 늘릴 수 있고, 사고의 발달을 촉진하며, 두 손으로 바구니를 들고 이동하는 과정에서 양손협응능력도 기를 수 있는 활동입니다.

놀이 시작 전에 아이에게 바구니에 담긴 물건을 하나씩 보여주면서 이름을 정확히 알려주세요. 만약 아이가 모든 물건의 이름을 알고 잘 구별한다면 옮기는 물건의 개수를 늘려서 난도를 높입니다.

감각통합&뇌 발달

부모가 말하는 물건의 이름을 듣고(청각주의력, 말소리변별, 언어이해) 물건을 바구니에 담아(시각) 두 손으로 바구니를 들고(균형감각, 신체협응) 물건을 옮깁니다(운동계획).

감각	촉각	청각	전정감각	고유수용성	시각
운동기능	균형감각	운동계획	신체협응	움직임조절	민첩성
언어	청각주의력	말소리변별	언어이해	지시따르기	의사소통

감각 　운동기능 　시지각 　언어 　인지 　정서 　사회성

휴지 탑 쌓고 무너뜨리기

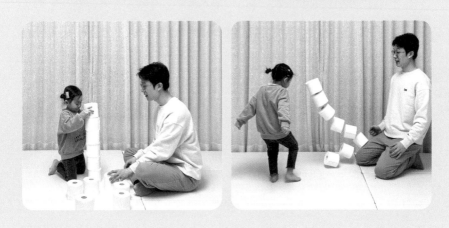

⋮ 준비물 두루마리 휴지(또는 종이컵) 12개

QR코드로 활동
동영상을 확인하세요.

⌞⌝ 사전 준비

☑ 두루마리 휴지를 쌓아 올릴 수 있게 바닥에 놓아둡니다.

☑ 아이와 부모는 휴지를 가운데 두고 마주 보고 앉아요.

⚡ 초간단 놀이법

1. 아이와 부모가 교대로 휴지를 하나씩 올려서 휴지 탑을 쌓아요.

2. 완성된 휴지 탑을 손과 발로 와르르 무너뜨려요.

✚아이가 휴지 탑을 무너뜨리는 것을 어려워하거나 주저하면 부모가 먼저 시범을 보여주고 다시 시도하게 도와주세요.

🗨 아동발달전문가의 조언

이 시기의 아이는 탐험가가 되어 온 집 안을 돌아다니며 온갖 물건을 다 꺼내어 놉니다. 의미 없이 주변을 어지럽히는 것 같아 보여도 발달에 맞는 놀이를 하는 중이니 놀이에 몰입한 아이를 제지하는 것보다 적절한 놀이로 확장해 주는 것이 좋습니다.

물건을 위로 쌓는 데 재미가 생기면 여러 물건을 크기나 모양에 따라 위로 쌓을 방법을 생각합니다. 탑을 쌓는 높이에 따라 자세도 자연스럽게 바뀌어서 처음에는 앉아서 쌓다가 높이가 높아지면 무릎서기 자세를 취하고, 더 높아지면 서서 쌓게 됩니다. 두루마리 휴지나 종이컵은 적당히 가볍고 바닥도 안정적이어서 높이 쌓을 재료로 좋습니다. 부모와 함께 휴지를 쌓으며 협동심도 느끼고 완성된 휴지 탑을 보면서 성취감과 자신감을 느낄 수 있지요. 또 한번에 와르르 무너뜨리며 부정적인 감정을 분출하고 정서적으로 편안함을 느낄 수 있습니다.

감각통합&뇌 발달
부모와 함께(협동심, 상호작용) 휴지를 위로 조심히 쌓고(시각주의력, 위치지각), 손이나 발로 휴지 탑을 무너뜨립니다(규칙이해, 놀이경험, 감정표현).

시지각	시각주의력	시각추적	위치지각	시각기억력	시운동협응
정서	정서적안정	놀이경험	감정표현	감정조절	자기조절력
사회성	적응력	상호작용	협동심	규칙이해	사회적기술

길 따라 걷기

:::: **준비물** 마스킹테이프

QR코드로 활동
동영상을 확인하세요.

⌜⌐ **사전 준비**

☑ 바닥에 마스킹테이프로 어른 걸음 3보 정도 길이의 직선 길을 표시해요.

⚡ **초간단 놀이법**

두 발을 선 위에 올리고 길을 따라 걸어요. 길에서 벗어나거나 넘어지지 않게 걷
도록 일러줍니다.

➕ 길을 따라 걷는 것을 어려워하면 부모가 시범을 보여줍니다.

뇌 발달을 최대한 활성화하려면 아이의 연령과 발달 상태에 맞는 적합한 수준의 놀이를 선택해야 합니다.

이 놀이는 스스로 걷는 것에 재미를 붙인 아이에게 적합한 놀이입니다. 두 발로 길을 따라 걷는 것은 부모의 손을 잡고 걷거나 넓은 곳에서 걸을 때보다 내 몸에 더 집중해야 하고, 길을 따라 발을 움직여야 하기 때문에 눈과 발의 협응이 필요합니다. 처음에는 길도 보고 발도 신경 써야 해서 아이의 시선이 계속 바닥을 향하지만 점차 걷는 움직임에 익숙해지면 고개를 들어 앞을 보고 걸을 수 있게 됩니다. 이 시기에는 아직 오른발 발가락 앞에 왼발 뒤꿈치를 한 줄로 붙여서 걷는 것은 어려우니 두 발이 최대한 길에서 벗어나지 않게 걷게 해주세요.

실내에서는 양말을 신지 않고 맨발로 활동하는 것을 권합니다. 발바닥이 지면에 닿으며 촉감을 자극할 수 있고 맨발로 체중을 온전히 느끼면 신체에 더 집중하게 됩니다. 다양한 모양의 길을 따라 걷는 것은 아직 어려울 수 있으니 우선 직선 길을 따라 걷는 것에 익숙해지게 하고 익숙해지면 난도를 높여 머리에 손을 올리고 걸어봅니다.

감각통합&뇌 발달
직선 길에서 벗어나지 않고(시각주의력, 시각추적) 길을 따라(균형감각, 신체협응) 끝까지 걷습니다(시운동협응, 집중력, 성취감).

운동기능	균형감각	운동계획	신체협응	움직임조절	민첩성
시지각	시각주의력	시각추적	위치지각	시각기억력	시운동협응
인지	집중력	조직화	성취감	자신감	문제해결력

숟가락으로 공 옮기기

준비물 마스킹테이프, 숟가락 1개, 탁구공 1개, 아동용 의자 1개,
넓은 바구니 1개

QR코드로 활동
동영상을 확인하세요.

사전 준비

☑ 바닥에 마스킹테이프로 어른 걸음 3보 정도 길이의 직선 길을 표시해요.

☑ 길의 끝 지점에 아동용 의자를 놓고 의자 위에 넓은 바구니를 올려둡니다.

초간단 놀이법

1. 아이가 숟가락을 잡으면 그 위에 탁구공을 올려주세요.

2. 길을 따라 걸으면서 숟가락으로 탁구공을 옮겨서 바구니에 넣어요.

✚ 숟가락에서 공이 떨어지지 않게 조심하라고 일러주세요.

🗒 아동발달전문가의 조언

이전의 운동발달 수준이 길을 따라 걸으며 신체를 인식하는 것이었다면 이 놀이는 그보다 조금 어려운 활동으로 숟가락에 공을 올리고 공이 떨어지지 않게 집중하여 걷는 활동입니다. 걷기와 같은 기본적인 운동기능이 형성된 후에는 신체를 조절하고 통제하며 움직임을 정교하게 다듬기 시작합니다. 그러면서 균형감각을 익히고 눈과 손의 협응을 통해 소근육을 조절하게 됩니다.

아이들은 자신의 현재 수준보다 약간 어렵지만 도전해 볼 만한 놀이에 흥미를 느낍니다. 너무 쉬운 놀이는 도전 의욕과 흥미를 유발하지 못하고, 너무 어려운 놀이는 포기하기 쉬워요. 약간 어려운 활동을 성공했을 때 더 큰 성취감과 자신감을 느끼므로 아이가 길을 따라 숟가락으로 공을 옮기는 것에 익숙해지면 난도를 높여 장애물을 피해서 걸어보게 합니다. 또는 또래 친구들과 함께 숟가락을 들고 순서대로 공을 옮기는 놀이로 변형해도 좋습니다. 앞 친구가 움직이는 속도에 맞춰서 이동하면 더 재미있는 놀이가 될 수 있어요.

감각통합&뇌 발달
숟가락에 탁구공을 올리고(전정감각, 고유수용성) 숟가락을 놓치거나 공이 떨어지지 않게 주의하며(움직임조절) 길을 따라(시각주의력, 시각추적) 걷습니다(균형감각, 시운동협응).

감각	촉각	청각	전정감각	고유수용성	시각
운동기능	균형감각	운동계획	신체협응	움직임조절	민첩성
시지각	시각주의력	시각추적	위치지각	시각기억력	시운동협응

손바닥·발바닥 씨름

손바닥 씨름

발바닥 씨름

준비물 **놀이매트**

QR코드로 활동
동영상을 확인하세요.

사전 준비

☑ 무릎서기 자세를 안정적으로 유지할 수 있는지 확인해요.

☑ 바닥에 앉아서 등 뒤로 두 손을 짚고 다리를 들어올릴 수 있는지 확인해요.

초간단 놀이법

1. 무릎서기 자세로 부모와 손바닥을 맞대고 앞으로 힘껏 밀어요. 이때 여러 번 나눠서 미는 것이 아니라 한번에 힘을 주어 밀라고 일러줍니다.

✚무릎서기 자세로 손바닥을 밀기 어려워하면 바닥에 앉아서 해도 좋아요.

2. 바닥에 앉아서 다리를 들어 부모와 발바닥을 맞대고 앞으로 힘껏 밀어요.

✚다리를 든 자세로 발바닥을 밀기 어려워하면 등 뒤에 쿠션을 대주세요.

📋 아동발달전문가의 조언

이 놀이는 아이와 부모가 손바닥 또는 발바닥을 맞대고 밀면서 힘의 세기를 느껴보는 활동입니다. 처음에는 아이가 놀이에 즐거움을 느낄 수 있도록 부모가 아이의 힘에 밀려서 넘어져주세요. 아이들은 그 모습이 너무 재미있어서 놀이에 대한 동기가 생기게 되고, 자세를 바로잡고 더 큰 힘을 주려고 할 거예요. 그러면서 부모의 힘의 세기에 저항하는 힘을 스스로 느낄 수 있어서 건강한 힘겨루기 놀이가 됩니다. 이때 부모가 너무 센 힘을 가하면 힘의 균형이 맞지 않아 아이가 균형을 잃고 넘어질 수도 있으니 주의해야 해요.

이와 같이 힘을 쓰는 놀이는 특히 주의가 산만해 보이거나 몸이 흐느적거리고 쉽게 피로감을 느끼는 아이에게 도움이 됩니다. 또 다른 힘겨루기 놀이로 부모와 팔씨름을 하는 것도 추천합니다.

감각통합&뇌 발달
안정적인 자세로(균형감각) 부모와 신체 부위를 맞대고(촉각) 힘을 주어 밀어내는 움직임을 통해(고유수용성, 움직임조절) 힘겨루기 경험을 해 봅니다(상호작용).

감각	촉각	청각	전정감각	고유수용성	시각
운동기능	균형감각	운동계획	신체협응	움직임조절	민첩성
사회성	적응력	상호작용	협동심	규칙이해	사회적기술

∴ 준비물 의자 4개, 이불 1개, 볼풀공(빨강, 노랑, 파랑 각 2개씩) 6개

QR코드로 활동
동영상을 확인하세요.

사전 준비

☑ 의자 두 개씩을 등받이를 맞댄 방향으로 적당히 벌려 세우고 의자 위에 이불을 씌워서 터널을 만들어요.

✚ 아이가 터널 안에 들어가기 무서워하면 이불 대신 투명한 비닐로 터널을 만들어도 괜찮아요.

☑ 볼풀공(빨강, 노랑, 파랑) 3개는 터널 안에 두고 3개는 부모가 가지고 있어요.

✚ 터널 안에 공 대신 아이가 좋아하는 장난감이나 동물 모형을 두어도 좋아요.

1. 부모는 세 가지 색의 공 중 하나를 보여주고 같은 색 공을 찾아오라고 말해요.

2. 아이는 네발기기로 움직여서 터널에 들어간 후 부모가 보여준 공의 색깔과 같은 색깔의 공을 찾아서 밖으로 나와요.

📃 **아동발달전문가의 조언**

이 놀이는 부모가 보여준 색깔의 공을 주의 깊게 보고 같은 색깔의 공을 터널에서 찾는 활동으로 시각주의력을 기르기에 좋은 활동입니다. 시각주의력은 다양한 시각 정보 중에서 필요한 것에만 주의를 집중하는 능력입니다. 시각주의력이 부족하면 눈으로 입력되는 정보에 오래 집중하지 못하여 중요한 정보를 놓치고 주변의 다른 자극에 의해 쉽게 산만해질 수 있습니다.

아이의 시각주의력을 향상시키려면 영상과 같은 강한 자극은 피하고 꼭 필요한 시각자극에만 집중할 수 있는 환경을 조성해 주세요. 그리고 언어지시는 한 번에 하나씩, 단순하고 구체적으로 하는 게 좋습니다. 아이가 자주 사용하는 물건(양말, 기저귀 등)을 보여주고 똑같은 물건을 찾아오게 하는 것도 좋은 놀이입니다.

감각통합&뇌 발달

부모가 보여주는 공의 색깔을 보고(시각, 시각기억력) 네발기기로 터널에 들어가서(전정감각, 고유수용성) 똑같은 색깔의 공을 찾아(시각주의력, 위치지각) 터널 밖으로 나옵니다(지시따르기).

감각	촉각	청각	전정감각	고유수용성	시각
시지각	시각주의력	시각추적	위치지각	시각기억력	시운동협응
언어	청각주의력	말소리변별	언어이해	지시따르기	의사소통

무릎서기로 볼링 하기

● ● **준비물** 짐볼 1개, 볼링핀(또는 500mL 생수병) 3개, 놀이매트

사전 준비

☑ 시작점에서 어른 걸음으로 3보 정도 떨어진 거리에 볼링핀 3개를 가로로 늘어세워요. 볼링핀 사이의 간격은 어른 손바닥 한 뼘 정도면 적당해요.

☑ 아이는 바닥에 무릎서기 자세를 하고 짐볼은 아이 앞에 둡니다.

초간단 놀이법

무릎서기 자세에서 두 손으로 짐볼을 힘껏 굴려 볼링핀을 모두 쓰러뜨려요.

📋 아동발달전문가의 조언

볼링 놀이는 바로 결과가 나오기 때문에 아이들이 쉽게 관심을 보이는 활동입니다. 스스로 짐볼을 굴려서 볼링핀을 쓰러뜨리며 쾌감을 느낄 수 있지요. 처음에는 짐볼을 힘껏 미는 것에 집중하지만 점차 볼링핀을 쓰러뜨리기 위해 어떻게 굴려야 하는지 생각하고, 볼링핀이 있는 쪽으로 굴리기 위하여 팔과 손의 힘과 방향을 조절하게 됩니다.

무릎서기 자세에서 짐볼을 굴릴 때는 몸의 중심이 앞으로 쏠리지 않게 균형을 유지해야 합니다. 만일 아이가 무릎서기 자세를 유지하고 짐볼을 굴리기 어려워하면 먼저 볼링핀 없이 부모와 짐볼을 밀어 주고받기 놀이를 하거나 바닥에 앉아서 굴리는 연습을 해 보세요. 무릎서기 자세에서의 균형감각을 익히고 짐볼을 잘 다루게 되었을 때 다시 볼링 놀이를 시작해도 됩니다.

볼링 놀이가 익숙해지면 아이와 볼링핀 사이의 거리를 더 띄우거나 볼링핀 간격을 넓혀서 해 보세요. 난도를 높여 볼링핀 하나에 표시를 한 후 전체가 아닌 특정 볼링핀을 쓰러뜨리는 놀이를 해도 좋습니다.

감각통합&뇌 발달
무릎서기 자세에서(균형감각) 볼링핀을 향해(위치지각) 공을 힘껏 굴려서(움직임조절) 볼링핀을 모두 쓰러뜨립니다(시운동협응, 집중력, 성취감).

운동기능	균형감각	운동계획	신체협응	움직임조절	민첩성
시지각	시각주의력	시각추적	위치지각	시각기억력	시운동협응
인지	집중력	조직화	성취감	자신감	문제해결력

수건 줄다리기

⠿ 준비물 놀이매트, 수건 1개

QR코드로 활동
동영상을 확인하세요.

⌐ᒣ 사전 준비

☑ 매트 위에 마주 보고 서서 각자 수건의 양쪽 끝부분을 두 손으로 잡아요.

☑ 수건을 당기며 안정적으로 몸의 중심을 잡고 서 있을 수 있는지 확인해요.

⚡ 초간단 놀이법

수건의 끝부분을 두 손으로 잡고 몸 쪽으로 힘껏 잡아당겨요.

✚ 이때 부모는 적당한 힘으로 아이와 밀고 당기기를 하다가 아이 쪽으로 끌려

가는 시늉을 해주세요. 부모와 힘의 균형이 맞지 않으면 아이가 균형을 잃고 앞이나 뒤로 넘어질 수도 있으니 주의해요.

📧 아동발달전문가의 조언

아이는 24개월이 지나면 스스로 하고자 하는 자율성이 생겨서 뭐든지 혼자 해보고 싶어합니다. 숟가락으로 스스로 밥을 먹고 싶어하기도 하고 색연필을 쥐고 낙서도 하려 하는데 아직은 손의 힘이 부족해 잘되지 않는 경우가 많지요. 따라서 이 시기 아이는 매달리거나 당기기와 같이 힘을 주고 버티는 놀이를 통해 팔과 손의 힘을 기르고 소근육 활동을 위한 준비를 하는 게 좋습니다.

수건 줄다리기 놀이는 수건의 끝부분을 잡고 팽팽하게 당기면서 힘의 세기를 느껴보고 손목과 손가락에 힘을 주는 연습을 할 수 있는 놀이입니다. "영~차!" 하는 구호에 맞춰 힘 있게 당겼다가 살짝 힘을 빼며 부모와의 상호작용을 경험할수도 있습니다. 만일 아이가 손의 힘이 약하다면 바닥에 엎드린 자세로 그림을 그리게 하는 것도 추천합니다. 엎드린 자세는 팔꿈치로 체중을 지지하기 때문에 어깨와 팔에 안정성을 부여하여 손의 힘을 키우는 데 도움이 됩니다.

감각통합&뇌 발달

서서 수건 끝을 잡고 몸 쪽으로 힘껏 당기며(고유수용성, 움직임조절) 넘어지지 않게 자세를 유지하고(균형감각, 신체협응) 밀고 당기는 움직임을 경험합니다(상호작용).

감각	촉각	청각	전정감각	고유수용성	시각
운동기능	균형감각	운동계획	신체협응	움직임조절	민첩성
사회성	적응력	상호작용	협동심	규칙이해	사회적기술

감각 　운동기능 　시지각 　언어 　인지 　정서 　사회성

훌라후프 기차놀이

⦂⦂ 준비물 훌라후프 1개

QR코드로 활동
동영상을 확인하세요.

사전 준비

☑ 훌라후프 안에 같이 들어가 부모가 아이 앞에 서요.

⚡ 초간단 놀이법

1. 훌라후프를 잡고 부모의 방향 신호에 따라 훌라후프를 잡은 손을 놓치지 않고
부모를 따라서 앞으로, 옆으로 움직이면서 기차놀이를 해요.

➕ 아이가 따라 움직이기 어려워하면 훌라후프 없이 부모의 허리를 잡고 여러 방

향으로 같이 움직이는 연습을 해도 좋아요.

2. 움직임에 익숙해지면 아이와 부모가 자리를 바꾸어 아이가 앞에서 이끄는 기차놀이도 해 보세요.

📋 아동발달전문가의 조언

아이들은 다양하게 움직이는 몸 놀이를 통해 좌우, 위아래, 앞뒤 방향을 인식하고 공간을 지각합니다. 이렇게 몸을 움직이는 공간과 거리를 이해해야 방향에 따른 움직임이 가능해지지요. 공간지각은 일상생활에서 익히는 것이 좋은데 평소 아이가 방에 들어가고 나올 때 '방 안으로', '방 밖으로'와 같이 공간과 위치와 관련된 단어를 같이 말해주면 좋습니다. 이 놀이에서도 이동할 때 방향신호(앞으로, 옆으로)를 주면 아이가 방향에 맞게 움직이는 데 도움이 됩니다.

훌라후프 기차놀이를 하며 아이는 부모와 함께 움직이는 과정에서 부모의 보폭과 속도를 경험할 수 있습니다. 속도가 너무 빠르거나 느리지 않게 다른 사람의 움직임에 맞춰 움직이며 공동 놀이를 경험하는 거지요. 이러한 경험은 친구들과 함께 기차놀이를 할 때 큰 도움이 됩니다.

감각통합&뇌 발달
아이는 부모의 방향 신호를 듣고(청각주의력, 말소리변별, 언어이해) 방향에 맞게(위치지각) 부모와 함께 움직입니다(상호작용, 협동심, 규칙이해).

시지각	시각주의력	시각추적	위치지각	시각기억력	시운동협응
언어	청각주의력	말소리변별	언어이해	지시따르기	의사소통
사회성	적응력	상호작용	협동심	규칙이해	사회적기술

훌라후프 따라서 돌기

출발!!

안으로!

멈춰!

:: **준비물**   훌라후프 1개

QR코드로 활동
동영상을 확인하세요.

⌈⌉ **사전 준비**

☑ 바닥에 훌라후프를 두고 아이는 훌라후프 밖에 서요.

☑ 아이에게 다음과 같은 놀이 규칙을 일러줍니다.

(예시) "출발!"은 훌라후프를 따라 걷기, "멈춰!"는 제자리에 멈추기, "안으로!"는

훌라후프 안으로 들어가기, "밖으로!"는 훌라후프 밖으로 나오기

✚ 만약 아이가 부모의 지시를 이해하지 못하거나 어려워하면 언어지시에 따라

부모의 손을 잡고 함께 움직여보는 연습을 합니다.

홀라후프 주위를 걷다가 부모의 다양한 언어지시(출발, 멈춰, 안으로, 밖으로)를 듣고 규칙에 따라 움직입니다.

🗐 아동발달전문가의 조언

이 놀이를 하기 위해서는 부모가 말한 단어와 규칙을 연결해야 하기 때문에 청각주의력이 요구됩니다. 청각주의력이 높은 아이는 부모의 목소리에 집중하고 있기 때문에 빠르고 정확하게 움직일 수 있습니다. 물론 부모의 지시대로 하려고 해도 걷다가 멈추거나 안에서 밖으로 나올 때 움직임을 조절해야 해서 어려워할 수 있지만 규칙에 따라 움직이는 놀이의 즐거움을 느낄 수 있습니다.

청각주의력은 언어 발달에 있어 매우 중요합니다. 청각주의력이 부족하면 주변 소리에 주의를 빼앗겨 필요한 소리에 집중하기 어렵기 때문입니다. '무슨 소리인지 알아맞히기', '코코코코 입' 놀이, '아빠한테 들은 간단한 단어를 엄마한테 전달하기' 등 일상생활에서 할 수 있는 간단한 놀이로 청각주의력과 주의집중력을 높일 수 있습니다.

감각통합&뇌 발달
홀라후프 주위를 걷다가(시각주의력, 시각추적, 위치지각) 부모의 언어지시를 듣고(청각주의력, 말소리변별, 언어이해) 규칙에 따라 움직입니다(움직임조절, 민첩성).

운동기능	균형감각	운동계획	신체협응	움직임조절	민첩성
시지각	시각주의력	시각추적	위치지각	시각기억력	시운동협응
언어	청각주의력	말소리변별	언어이해	지시따르기	의사소통

의자 아래로 공 굴리기

준비물 성인용 의자 1개, 탱탱볼 1개

QR코드로 활동
동영상을 확인하세요.

사전 준비

☑ 아이가 앉아 있는 곳에서 어른 걸음 3보 간격을 두고 의자를 놓아요.

☑ 바닥에 앉아서 두 손으로 공을 굴릴 수 있는지 확인해요.

초간단 놀이법

등을 곧게 펴고 앉아서 두 손으로 공이 의자 다리 사이로 통과하게 굴려요.

✚ 공을 굴리는 힘이 부족하면 거리를 좁혀서 다시 시도해요.

공을 의자 아래로 굴리기 위해서는 공을 굴리기 전에 의자가 어디에 있는지부터 파악하고 어느 쪽으로, 어느 정도의 힘으로 굴려야 할지 생각해야 합니다. 이 시기의 아이들은 환경에 맞춰 움직임을 조절할 수 있어서 의자 아래로 정확하게 공을 굴리기 위해 노력합니다. 처음 공을 굴렸을 때 공이 의자 근처에도 가지 못하면 '더 세게 굴려야겠다.'라고 생각하고, 의자 옆으로 굴러가면 '방향을 바꿔 다시 굴려야겠다.'라고 운동계획을 스스로 수정하지요. 이렇게 눈으로 확인한 시각 정보가 뇌로 전달되어 정보를 해석하고 환경에 맞춰 수정하는 과정에서 시각과 움직임이 통합됩니다.

아이들이 처음 걷기 시작할 때는 걷는 동작에만 신경을 써 자주 넘어집니다. 그러나 걸으면서 보이는 정보를 판단하고 처리하면서 점차 넘어지는 횟수가 줄어들고 보다 세련된 움직임을 보입니다. 이 역시 아이의 균형감각이 향상되는 한편, 시지각이 발달하고 있기 때문입니다. 공 굴리기와 같이 움직임이 있는 놀이는 방향, 거리, 위치에 대한 시지각을 향상시키므로 평소 균형감각이 떨어지는 아이에게 꼭 필요한 활동입니다.

감각통합&뇌 발달
등을 곧게 펴고 앉아서(균형감각) 의자 아래쪽을 향해(시각, 위치지각) 두 손으로 공을 굴립니다(움직임조절, 시각추적, 시운동협응).

감각	촉각	청각	전정감각	고유수용성	시각
운동기능	균형감각	운동계획	신체협응	움직임조절	민첩성
시지각	시각주의력	시각추적	위치지각	시각기억력	시운동협응

감각　운동기능　시지각　언어　인지　정서　사회성

의자 아래로 공 차기

:: **준비물** 성인용 의자 1개, 탱탱볼 1개

QR코드로 활동
동영상을 확인하세요.

⌐¬ **사전 준비**
└ ┘

☑ 아이가 서 있는 곳에서 어른 걸음 3보 간격을 두고 의자를 놓아요.

☑ 한쪽 다리를 들어 앞뒤로 움직일 수 있는지 확인해요.

✚ 한쪽 다리를 들고 균형을 잡기 어려워하면 벽이나 의자를 잡고 연습해 봅니다.

⚡ **초간단 놀이법**

오른발(우세발) 쪽에 공을 두고 서서 균형을 잡은 후 의자 아래쪽으로 공을 차요.

✚ 공을 차는 힘이 부족하면 의자와의 거리를 좁혀서 다시 시도해요.

한 발로 서서 균형잡기는 보통 36개월이 되어야 안정적으로 가능하지만 24개월 무렵에도 한 발로 어느 정도 체중을 지지할 수 있어서 한 발로 공을 찰 수 있습니다. 목표물(의자)을 향해 다양한 방법으로 공을 차는 놀이를 통해 한 발로 균형을 잡고 유지하는 연습을 하고 눈과 발의 협응력, 그리고 양측협응력도 기를 수 있습니다.

부모는 아이가 공을 차기 전에 공을 바닥에 세우고 시선을 아래로 내려서 공과 발을 동시에 보고 차도록 유도하는 게 좋습니다. 그리고 공을 찬 후에 굴러가는 공을 끝까지 보고 의자 아래로 들어갔는지 확인하도록 일러줍니다. 의자와의 거리를 다양하게 하여 멀리 차기, 가까이 차기, 힘껏 차기 등 다양한 방법으로 공을 차보는 것도 좋습니다. 공 차기를 하기 전에는 주변에 사람이 있는지, 깨질만한 물건이 있는지 유의하여 공을 차야 한다고 일러주세요.

감각통합&뇌 발달
한 발로 서서 균형을 잡고(균형감각, 신체협응) 의자 아래쪽으로(시각, 위치지각) 공을 찹니다(움직임조절, 시각추적, 시운동협응).

감각	촉각	청각	전정감각	고유수용성	시각
운동기능	균형감각	운동계획	신체협응	움직임조절	민첩성
시지각	시각주의력	시각추적	위치지각	시각기억력	시운동협응

폴짝폴짝 선 넘기

⠿ 준비물 마스킹테이프

⌐⌐ 사전 준비

☑ 바닥에 마스킹테이프를 붙여 좌우로 긴 선을 표시하고 아이는 선 뒤에 서요.

☑ 아이가 두 발을 모아 제자리에서 앞으로 점프할 수 있는지 확인해요.

✚ 두발점프를 어려워하면 부모의 손을 잡고 앞으로 두발점프 연습을 합니다.

⚡ 초간단 놀이법

두 발로 점프해서 선을 뛰어넘어요.

아이들은 보통 20~24개월 정도가 되면 두 발을 모아 제자리에서 폴짝 뛰는 두 발점프가 가능합니다. 두발점프는 아이의 움직임이 정교해졌다는 것을 의미하는 중요한 운동 지표입니다. 두발점프를 잘하려면 몸통과 다리 움직임의 협응이 이루어져야 하고, 점프하기 전에 두 무릎을 굽혔다 펼 수 있어야 합니다. 이 동작이 가능하려면 안정적인 자세를 만드는 고유수용성감각과 몸의 균형을 잡는 전정감각이 안정적으로 통합되어야 합니다.

두발점프가 아직 미숙한 아이는 두 발을 바닥에 붙이고 무릎만 굽혔다 펴거나 엉덩이를 들어올리는 연습을 해 보세요. 또한 매사에 신중하고 조심성이 많은 성향의 아이는 본인이 완벽하게 준비되었다고 느끼기 전까지 아예 두발점프를 하지 않으려고 할 수도 있습니다. 아이의 발달에는 개인차가 있고 성향도 모두 다르니 두발점프에 어려움을 느낀다면 조급해하지 말고 함께 계단을 내려갈 때 마지막 단에서 두발점프를 하도록 유도해 보세요. 정교한 움직임이나 운동 기능을 향상하기 위해서는 반복적인 연습도 좋지만 쉬운 놀이로 천천히 익숙해지는 것이 훨씬 효과적입니다.

감각통합&뇌 발달
넘어야 할 선을 보고(시각) 두 발을 모아(고유수용성, 운동계획) 앞으로 점프합니다(전정감각, 균형감각, 신체협응).

감각	촉각	청각	전정감각	고유수용성	시각
운동기능	균형감각	운동계획	신체협응	움직임조절	민첩성
정서	정서적안정	놀이경험	감정표현	감정조절	자기조절력

손수건 밟고 뒤로 걷기

⁘ 준비물 손수건(또는 휴지) 2장

QR코드로 활동
동영상을 확인하세요.

⌐⌐ 사전 준비

손수건 두 장을 길게 접어 바닥에 놓고 한 발씩 딛고 서요.

⚡ 초간단 놀이법

손수건을 밟고 스케이트 타듯이 손수건을 밀며 한 발씩 뒤로 움직여요.

✚ 뒤로 이동하기 어려워하면 부모가 손을 잡아주며 다시 시도해요.

아이들이 걷는 것에 자신감이 붙고 익숙해지면 빨리 걷기, 옆으로 걷기, 뒤로 걷기와 같은 다양한 걷기가 가능해집니다. 기초적인 운동능력이 발달하는 시기를 지나 안정감 있게 움직일 수 있게 되면서 수준 높고 다양한 움직임이 나타나기 시작하는 것이지요.

이 놀이는 한 발씩 균형을 잡고 뒤로 걸어야 해서 앞으로 이동할 때보다 다리의 힘이 필요하고 뒤를 보지 않고 움직일 수 있어야 합니다. 이 활동을 무리 없이 하는 아이는 이후에 계단 오르기, 점프하기, 공 차기가 가능할 정도의 움직임이 준비된 것입니다. 반면 뒤로 걸을 때 도움이 필요한 아이는 경사가 있는 비탈길 걷기나 트램폴린 뛰기 등을 통해 몸의 균형감각과 다리 근력을 키우는 게 좋습니다. 이렇게 부모는 아이 연령에 적합한 놀이를 제공해 주고 놀이를 하는 과정을 잘 관찰하여 부족한 부분을 채울 수 있는 환경을 조성해 주는 것이 좋습니다. 더 중요한 것은 발달 순서를 건너뛰지 않고 시기별로 충분한 경험을 하도록 도와주는 것입니다. 아이가 뒤로 걷는 움직임에 익숙해지면 난도를 높여 두 발의 보폭을 넓게 또는 길게 걸어보는 것도 좋습니다.

감각통합&뇌 발달
손수건을 딛고 서서(균형감각) 두 발을 교차하여 스케이트 타듯이(전정감각) 손수건을 밀며 뒤로 움직입니다(위치지각, 운동계획, 움직임조절).

감각	촉각	청각	전정감각	고유수용성	시각
운동기능	균형감각	운동계획	신체협응	움직임조절	민첩성
시지각	시각주의력	시각추적	위치지각	시각기억력	시운동협응

감각　운동기능　시지각　언어　인지　정서　사회성

부모와 공 주고받기

∴ 준비물　탱탱볼 1개

QR코드로 활동
동영상을 확인하세요.

사전 준비

☑ 어른 걸음으로 2보 정도 떨어져서 마주 보고 서요.

☑ 아이가 서서 두 팔을 동시에 앞으로 뻗을 수 있는지 확인해요.

초간단 놀이법

1. 두 손으로 공을 잡고 두 팔을 동시에 뻗어 부모 쪽으로 공을 던져요.

2. 공을 받은 부모가 다시 던져주면 아이가 공을 받아요.

공 주고받기의 기본이 되는 공 던지기는 신체의 안정성과 협응력, 조작기술이 필요한 활동입니다. 아이의 운동발달 정도에 따라 공을 던지는 자세와 움직임이 달라지는데 대략 24개월 정도의 아이는 두 손과 팔만 사용하여 공을 던지기 시작하고 36개월 정도 되면 어깨를 사용하여 공을 던질 수 있게 됩니다.

아직 공을 던지는 경험이 부족한 아이는 공을 앞으로 미는 것처럼 던질 수도 있고, 던진 공이 포물선을 그리지 못하고 바닥에 떨어질 수도 있습니다. 또한 공을 던질 때 팔을 뻗은 후 손가락을 펴서 잡은 공을 놓아야 하는데 그러한 동작 역시 어려워할 수 있습니다. 기본적인 동작 능력은 있어도 세분화된 움직임은 미숙하기 때문이죠.

공 던지기가 아직 익숙하지 않다면 제자리에 서서 공을 위로 올리고 받게 해 보세요. 위로 올라가는 공을 쳐다보고 공이 내려오는 타이밍에 맞춰 두 손으로 받으면서 공을 던지고 받는 연습을 할 수 있습니다. 공 주고받기는 간단하지만 눈과 손의 협응력, 움직임 조절 능력 향상에 더불어 상호작용 경험을 하기 좋은 활동이니 자주 할수록 좋습니다.

감각통합&뇌 발달
부모와 마주 보고 서서 부모 쪽으로 공을 던지고(시운동협응, 움직임조절) 다시 부모가 던져주는 공을 받습니다(민첩성, 상호작용, 시각추적).

운동기능	균형감각	운동계획	신체협응	움직임조절	민첩성
시지각	시각주의력	시각추적	위치지각	시각기억력	시운동협응
사회성	적응력	상호작용	협동심	규칙이해	사회적기술

옆으로 두발점프 하기

QR코드로 활동
동영상을 확인하세요.

∷ 준비물 놀이매트

⌐⌐ 사전 준비

☑ 부모는 두 다리를 넓게 벌려 앉고 아이는 다리 사이에 서서 손을 마주 잡아요.

☑ 바닥에서 옆으로(왼쪽, 오른쪽) 두발점프를 할 수 있는지 확인해요.

⚡ 초간단 놀이법

부모의 손을 잡고 부모의 다리 사이에 서서 왼쪽, 오른쪽으로 두 발을 모아 점프

해서 부모의 다리를 넘어요.

이 시기의 아이들은 계단을 올라갈 수 있을 정도로 기초 체력이 길러져서 아빠와 함께하는 역동적인 몸 놀이를 좋아합니다. 옆으로 두발점프 역시 간단하지만 역동적인 활동이어서 대부분의 아이가 좋아할뿐더러 새로운 형태의 활동이어서 뇌 자극에도 효과적인 놀이입니다.

다만 첫 시도가 어려울 수 있습니다. 아이들은 지금껏 주로 앞만 보고 움직여왔기 때문에 옆으로 점프하는 것이 익숙하지 않아 몸의 균형을 잃고 넘어질 수도 있고, 다리 높이만큼 점프하는 것을 어려워할 수도 있습니다. 그런 경우 아이의 발목 높이 정도로 낮은 높이의 장애물을 두고 부모가 손을 잡아당겨 주어 옆으로 점프하는 느낌을 익히게 하면 좋습니다.

그러면서 자신감이 생겼다면 부모의 다리 넘기에 다시 도전해 봅니다. 부모 다리 사이로 점프를 하면서 부모와의 스킨십을 강화할 수 있고 음률을 넣어서 "옆으로, 옆으로!"라고 말하며 점프를 유도하면 더 신나게 도전할 마음이 생깁니다. 이렇게 옆으로 점프하는 것에 익숙해지면 부모의 손을 잡지 않고 뛰거나 부모의 다리를 조금 더 벌려서 해도 좋습니다.

감각통합&뇌 발달
부모의 손을 잡고 부모의 다리를 밟지 않게(시각, 고유수용성) 적절한 높이로(균형감각, 움직임조절) 옆으로 점프합니다(운동계획, 상호작용, 규칙이해).

감각	촉각	청각	전정감각	고유수용성	시각
운동기능	균형감각	운동계획	신체협응	움직임조절	민첩성
사회성	적응력	상호작용	협동심	규칙이해	사회적기술

동물 흉내 내기

∴ 준비물 놀이매트

⌐ ⌐ 사전 준비

☑ 어른 걸음 2보 정도의 간격을 두고 부모와 마주 보고 서요.

⚡ 초간단 놀이법

부모는 동물처럼 움직이는 동작을 보여주고 아이는 그 동작을 따라 합니다.

✚ 나비, 코끼리, 홍학 등의 쉬운 동작에 익숙해지면 다양한 동물의 자세나 걷기

동작을 떠올려 흉내 내보며 난도를 높입니다.

이 놀이는 동물의 움직임을 몸으로 표현하는 표현 놀이이자 상대의 움직임을 따라 하는 모방 놀이입니다. 아이는 부모의 표정과 팔 다리의 움직임을 관찰하여 부모와 똑같이 '홍학 자세'를 만들기 위해 한 다리로 버티고 서고, '나비처럼 훨훨' 날려고 최대한 팔 동작과 발걸음을 가볍게 하여 펄럭이며, '코끼리처럼 쿵쿵' 걷기 위해 두 팔로 코끼리 코를 만들고 바닥에 발을 구릅니다. 이렇게 놀이를 하는 내내 신체의 힘을 넣고 빼며 조절하지요. 이 놀이를 할 때 아이들이 좋아하는 경쾌한 음악을 곁들이면 더 신나게 즐기면서 할 수 있습니다.

이처럼 다른 사람을 관찰하고 따라 하는 모방 놀이는 뇌 발달에 큰 영향을 주고, 부모나 친구의 행동을 이해하는 과정에서 사회적 공감능력을 향상시킵니다. 또한 모방 놀이로 충분히 관찰력을 키운 아이는 상징 놀이를 이어 하게 됩니다. 요리하는 엄마를 흉내 내어 소꿉놀이를 하거나 선생님을 따라 가르치고 의사를 따라 진료하는 시늉을 하며 놀이를 하지요. 상징 놀이는 자기중심적인 관점에서 벗어나 다른 사람을 수용하는 경험을 주는 놀이로 사회성 발달의 기초를 든든하게 쌓아줍니다.

감각통합&뇌 발달
부모가 보여주는 동물 동작을 보고(시각) 다양한 동작을(고유수용성, 균형감각, 운동계획, 움직임조절) 그대로 따라 합니다(상호작용).

감각	촉각	청각	전정감각	고유수용성	시각
운동기능	균형감각	운동계획	신체협응	움직임조절	민첩성
사회성	적응력	상호작용	협동심	규칙이해	사회적기술

감각　　운동기능　　시지각　　언어　　인지　　정서　　사회성

다리 사이로 공 옮기기

⠿ 준비물　탱탱볼 1개

QR코드로 활동
동영상을 확인하세요.

⌐ㄴ 사전 준비

☑ 어른 걸음으로 2보 정도 떨어져서 마주 보고 서요.

☑ 다리 사이에 탱탱볼을 끼우고 안정적으로 서 있을 수 있는지 확인해요.

✚ 탱탱볼이 커서 다리로 고정하기 어려워하면 작은 공으로 바꿔서 시도해요.

⚡ 초간단 놀이법

다리로 잡은 공이 빠지지 않게 유지하면서 부모가 있는 쪽으로 걸어가요.

✚ 동작이 익숙해지면 난도를 높여 점프하면서 이동해도 좋아요.

아동발달전문가의 조언

이 놀이는 신체 부위를 이용하여 공을 옮기는 활동입니다. 물건을 옮길 때 주로 사용하는 손이나 손가락이 아니라 다양한 신체 부위를 사용하여 움직이는 경험은 집중력과 창의력 발달에 도움이 됩니다. 다리 사이에 공을 끼우고 이동할 때 과하게 힘을 주면 공이 튕겨 나가고 약하게 힘을 주면 공이 다리 사이에서 빠집니다. 따라서 아이는 이 놀이를 통해 공을 다리의 힘으로 잡고 공이 빠지지 않도록 자세를 유지하는 데 필요한 움직임과 힘을 조절하는 것을 배우게 됩니다. 다리 외에 다른 신체 부위를 사용하여 공을 옮기는 놀이로 변형해도 좋습니다. 한쪽 팔을 벌려 겨드랑이에 끼우거나 팔꿈치를 펴서 팔 사이에 끼고 옮길 수도 있고, 부모나 친구와 몸을 맞대어 공을 끼고 이동할 수도 있습니다. 상대와 속도를 맞추지 않으면 공을 유지할 수 없으니 더욱 집중하게 됩니다. 공을 계속 떨어뜨린다면 우선 넓은 신체 부위를 사용하여 옮겨봅니다.

감각통합&뇌 발달
공을 다리 사이에 끼우고(촉각) 적절한 힘으로 두 다리를 모아서(고유수용성, 균형감각) 공이 빠지지 않게 앞으로 이동합니다(움직임조절, 신체협응, 집중력).

감각	촉각	청각	전정감각	고유수용성	시각
운동기능	균형감각	운동계획	신체협응	움직임조절	민첩성
인지	집중력	조직화	성취감	자신감	문제해결력

날아가는 풍선 잡기

∷ 준비물 매듭을 묶지 않은 풍선 1개

⌐⌐ 사전 준비

☑ 부모는 풍선을 불어 매듭을 묶지 않은 상태로 들고 아이와 어른 걸음 2보 정
도의 거리를 두고 마주 보고 서요.

⚡ 초간단 놀이법

부모가 풍선 끝을 잡고 있다가 공중으로 날리면 아이는 날아가는 풍선을 눈으
로 지켜보다가 떨어지는 풍선을 쫓아가서 잡아요.

사방으로 움직이는 풍선을 잡기 위해서는 풍선의 움직임을 지속적으로 집중하여 볼 수 있는 시각추적능력이 있어야 하고 움직임이 민첩해야 합니다. 놀이를 시작하기 전에 우선 풍선과 친해지는 시간을 가져보세요. 풍선을 아이 앞에서 불거나 아이 손 위에 올려놓고 불어서 풍선이 점점 커지는 것과 바람이 빠지면서 작아지는 것을 감각적으로 느껴보게 하는 것도 좋아요. 이 시기의 아이들은 '크다'와 '작다'의 의미를 이해할 수 있으니 "점점 커진다.", "점점 작아진다."라고 말해주면 놀이를 통해 어휘도 늘릴 수 있습니다. 청각자극에 예민한 아이에게는 풍선에서 바람 빠질 때 나는 소리를 듣고 놀라지 않도록 풍선 소리를 미리 들려주세요. 풍선이 너무 빨리 움직여서 아이가 찾기 어려워하면 풍선이 날아간 방향을 손가락으로 가리켜서 알려주어도 됩니다.

아이가 평소 도형 모양 맞추기나 그림퍼즐 맞추기를 할 때 형태와 공간 개념에 어려움을 느낀다면 이처럼 넓은 놀이공간에서 움직이면서 몸으로 위치와 방향에 대한 개념을 익히는 것이 좋습니다. 일상생활에서 다양한 공간을 경험하고 그 공간에서 몸을 움직이면서 학습의 기초가 되는 시지각이 향상됩니다.

감각통합&뇌 발달
날아가는 풍선을 보고 있다가(시각, 시각추적) 떨어지는 풍선 쪽으로 빠르게 이동하여(위치지각, 민첩성) 풍선을 잡습니다(시운동협응).

감각	촉각	청각	전정감각	고유수용성	시각
운동기능	균형감각	운동계획	신체협응	움직임조절	민첩성
시지각	시각주의력	시각추적	위치지각	시각기억력	시운동협응

옆으로 굴러서 볼링 하기

준비물 볼링핀(또는 500mL 생수병) 3개, 놀이매트

QR코드로 활동
동영상을 확인하세요.

사전 준비

☑ 아이가 있는 곳에서 어른 걸음으로 3보 정도 떨어진 거리에 볼링핀 3개를 가로로 늘어세우세요. 볼링핀의 간격은 어른 손바닥 한 뼘 정도면 적당해요.

☑ 아이가 누워 연속해서 옆으로 데굴데굴 구를 수 있는지 확인해요.

초간단 놀이법

볼링핀을 향해 공처럼 데굴데굴 옆으로 굴러서 볼링핀을 쓰러뜨려요.

이 놀이는 아이 스스로 옆으로 데굴데굴 굴러서 볼링핀을 쓰러뜨리는 활동입니다. 최대한 매트 위를 벗어나지 않고 볼링핀이 있는 곳까지 굴러가기 위해서 전신의 움직임을 조절해야 합니다. 이렇게 몸 전체를 움직이는 것은 균형 있는 대근육 발달에 도움을 줍니다.

긴 원통을 굴리는 것과 다르게 우리의 몸은 옆으로 구를 때 머리, 어깨, 골반, 다리 순서대로 움직입니다. 아이는 매트 위를 구르면서 몸 전체에 촉각을 경험하고 신체의 각 부위가 눌리면서 고유수용성감각을 느끼게 됩니다. 또한 구르면서 머리가 계속 회전하고 그에 따라 자세도 바뀌기 때문에 전정감각도 자극합니다. 아이가 옆으로 구를 때 매트 위를 벗어나면 움직임을 멈추고 자세를 정돈한 후에 다시 구르게 해주세요. 아이가 멀리까지 구르기 어려워하면 구르는 거리를 좁혀주고, 반대로 도전적으로 구르고 싶어하면 매트의 한쪽을 높여서 기울기를 만든 후 높이가 있는 곳에서부터 구를 수 있게 해주세요. 이 놀이를 한 후에 매트 위에 이불을 깔고 둘둘 말아서 김밥말이를 해주면 편안하고 안정감 있게 놀이를 마무리할 수 있습니다.

감각통합&뇌 발달
공처럼 데굴데굴 옆으로 굴러서(촉각, 전정감각, 고유수용성) 볼링핀이 있는 곳까지(위치지각) 이동하여 볼링핀을 모두 쓰러뜨립니다(시운동협응, 성취감).

감각	촉각	청각	전정감각	고유수용성	시각
시지각	시각주의력	시각추적	위치지각	시각기억력	시운동협응
인지	집중력	조직화	성취감	자신감	문제해결력

종이컵 위에 탁구공 놓기

QR코드로 활동
동영상을 확인하세요.

준비물 종이컵 6개, 탁구공 6개, 쇼핑백(또는 손잡이가 있는 바구니) 1개

사전 준비

☑ 종이컵을 뒤집어서 좌우 일렬로 늘어놓아요. 종이컵 사이의 간격은 어른 손바닥 한 뼘 정도면 적당해요.

☑ 탁구공이 담긴 쇼핑백을 들고 종이컵 앞에 서요.

초간단 놀이법

탁구공이 들어 있는 쇼핑백에서 공을 하나씩 꺼내서 종이컵 위에 올립니다.

시지각은 단순히 시각을 통해 보는 능력이 아니라 시각자극을 인식하고 변별하고 해석하는 뇌의 활동입니다. 시지각은 3세부터 7세까지 폭발적으로 발달합니다. 따라서 이 시기에는 눈으로 본 시각 정보를 해석하는 놀이와 물건을 잡고 놓고 던지고 차는 등 시각과 운동의 협응이 필요한 놀이를 충분히 해야 합니다.

이 놀이는 일정한 간격을 두고 좌우로 놓여 있는 컵 위에 공을 하나씩 올리는 활동입니다. 간단한 활동으로 보이지만 아이는 주변 여러 사물 중 컵에 초점을 두고 차례대로 놓여 있는 컵을 따라 시선을 옮겨서 공을 놓을 위치를 파악한 후에 공이 떨어지지 않게 올려야 합니다. 즉 사물 주시하기, 시각 추적하기, 위치 파악하기 등 많은 시지각 요소가 포함되어 있습니다.

아이의 시각 추적 범위가 좌우, 상하로 넓어지고 있다는 것은 시각주의력이 향상되고 있다는 것입니다. 아이가 규칙적으로 놓인 종이컵 위에 공을 잘 올리면 종이컵을 지그재그로 배열해서 놀이의 난도를 높여주세요. 부모가 놀이를 계획할 때 아이가 눈으로 볼 수 있는 범위와 시지각 수준을 고려하여 조절하면 더 재미있고 유용한 놀이가 될 수 있습니다.

감각통합&뇌 발달
선 자세에서 종이컵의 위치를 보고(시각주의력, 시각추적) 종이컵 위에 탁구공을 하나씩 조심히 올립니다(시운동협응, 움직임조절).

감각	촉각	청각	전정감각	고유수용성	시각
운동기능	균형감각	운동계획	신체협응	움직임조절	민첩성
시지각	시각주의력	시각추적	위치지각	시각기억력	시운동협응

높은 곳에서 점프하기

QR코드로 활동
동영상을 확인하세요.

준비물 아동용 의자(또는 접이식 의자) 1개, 훌라후프 1개,
놀이매트

사전 준비

☑ 매트 위에 아이 무릎 높이 정도의 의자를 놓고 의자 앞에 훌라후프를 둡니다.

☑ 점프할 때 의자가 움직이지 않도록 미끄럼방지 매트를 깔거나 잡아주세요.

초간단 놀이법

의자 위에서 바닥에 있는 훌라후프 안으로 점프를 해요. 이때 훌라후프 밖으로
벗어나지 않게 뛰도록 주의합니다.

✚ 아이가 뛸 타이밍에 언어지시(하나, 둘, 셋, 점프)를 주어도 좋아요.

✚ 높은 곳에서 점프하는 것을 무서워하면 먼저 낮은 높이에서 연습합니다.

📑 아동발달전문가의 조언

이 시기의 아이들은 다양한 움직임에 자신감이 붙고 탐색욕구와 호기심이 커집니다. 이로 인해 움직임의 범위도 넓어져서 높은 곳에 올라가려고 하지요. 소파나 식탁 의자, 화장대, 책장 등 높은 곳에 도움 없이 올라가며 성취감과 만족감을 느끼고 미끄럼틀에 거꾸로 올라가거나 난간을 한 손으로만 잡고 올라가기도 합니다. 그러나 넘치는 자신감에 비해 위험에 대한 인지나 공간지각 능력이 미숙하니 부모는 아이가 위험할 수 있는 곳은 확실히 제한하는 것이 좋습니다. 이 시기 아이들이 반복적으로 높은 곳에서 뛰어내리는 것은 중력에 적응하여 전정감각을 느끼며 즐겁게 노는 것입니다. 지면에 안정적으로 착지했을 때 재미를 느껴 더 높은 곳으로 올라가서 점프를 시도하려고 합니다. 따라서 부모는 무조건 뛰어내리는 것을 금지하기보다는 아이가 착지하는 바닥이 안전한지 미리 확인하여 위험하지 않도록 매트를 깔아주는 것이 좋습니다.

감각통합&뇌 발달

의자 위에 올라가서(전정감각) 착지할 훌라후프의 위치를 보고(시각, 움직임조절) 안정적으로 점프합니다(운동계획, 고유수용성, 균형감각).

감각	촉각	청각	전정감각	고유수용성	시각
운동기능	균형감각	운동계획	신체협응	움직임조절	민첩성
정서	정서적안정	놀이경험	감정표현	감정조절	자기조절력

준비-땅 달리기

준비물 없음

사전 준비

☑ 어른 걸음 3보 정도의 간격을 두고 부모와 마주 보고 서요.

초간단 놀이법

1. 부모가 "준비!"라고 하면 달릴 준비를 합니다.

2. 부모가 "땅!"이라고 하면 부모가 있는 쪽으로 달려가서 품에 안겨요.

➕ 달릴 때 중심을 잃고 넘어지지 않도록 조심합니다.

아이들은 처음에는 넘어질 듯 말 듯 온몸에 힘을 주면서 걷다가 점차 걷는 것에 익숙해지면 자연스럽게 팔을 움직이며 걷습니다. 그리고 완벽하게 걷게 되면 빠르게 걷기를 거쳐 달리기가 가능해집니다. 달리기를 할 정도로 신체를 조절할 수 있게 되면 소리를 듣고 그 소리에 따라 민첩하게 움직이는 것도 가능해집니다.

이 놀이는 '준비' 소리를 듣고 다리를 앞뒤로 살짝 벌리고 팔꿈치를 굽힌 후에 상체를 숙여 달리기 준비 자세를 취하고, '땅' 소리를 듣고 뛰는 활동입니다. 아직 멈췄다가 뛰거나, 뛰다가 멈추는 것과 같이 빠르고 정확한 움직임 조절은 어려워서 몸 따로, 생각 따로 움직일 수도 있습니다. 이런 경우에는 부모와 나란히 서서 멈췄다가 움직이는 연습을 먼저 해 보세요.

움직임 조절이 가능하더라도 말과 행동의 규칙을 이해하지 못하면 반대로 움직일 수도 있고, 뛰는 것에만 몰두해서 부모가 있는 쪽으로 달려오지 않을 수도 있어요. 이럴 때는 지정된 놀이 공간을 벗어나지 않고 부모가 있는 쪽으로 달려올 수 있게 언어적 힌트(이리 와, 여기야)를 주는 것도 좋습니다.

감각통합&뇌 발달

'준비' 소리를 듣고 준비 자세를 취하고 있다가 '땅' 소리를 듣고(청각주의력, 말소리변별, 규칙이해) 부모가 있는 쪽으로 달려가서 안깁니다(운동계획, 민첩성, 상호작용).

운동기능	균형감각	운동계획	신체협응	움직임조절	민첩성
언어	청각주의력	말소리변별	언어이해	지시따르기	의사소통
사회성	적응력	상호작용	협동심	규칙이해	사회적기술

수건 꼬리잡기

● ● **준비물** 수건 1개

⌐⌐ 사전 준비

☑ 부모는 바지 뒤편에 수건을 걸어서 수건 꼬리를 만듭니다.

☑ 부모는 아이가 수건 꼬리를 볼 수 있게 섭니다.

⚡ 초간단 놀이법

부모가 여러 방향으로 움직이면 아이는 부모를 쫓아다니며 수건 꼬리를 잡아요.

➕ 아이가 부모를 쫓아 뛰는 속도를 보면서 움직이는 속도를 조절해 주세요.

이 시기 아이들은 점차 단순한 사회적 놀이에서 벗어나서 상호작용 놀이에 관심이 커집니다. 그래서 술래잡기나 꼬리잡기, 경찰과 도둑 같은 놀이를 매우 좋아하지요.

수건 꼬리잡기는 높은 시각추적능력과 민첩성이 요구되는 활동입니다. 부모 뒤로 늘어진 꼬리를 쫓아서 잡아야 하므로 움직임에 더 집중해야 하고, 부모가 도망가면서 꼬리가 움직이면 꼬리를 따라 몸의 방향을 재빨리 바꿔야 하므로 민첩성이 필요합니다. 반대로 이 놀이를 하다 보면 시각추적능력과 민첩성이 절로 길러지지요. 민첩성이 잘 발달된 아이는 자신의 몸을 효율적으로 통제할 수 있고 균형감각도 안정적입니다.

또한 이렇게 에너지를 분출하는 놀이를 하다 보면 감정을 잘 조절할 수 있게 되고 정서적으로도 안정됩니다. 꼬리잡기는 여러 명이 할 때 더 재미있는 놀이이므로 놀이터에서 또래 친구들과 함께하는 것이 가장 좋습니다. 또래와 한바탕 뛰어놀고 나면 친구와의 친밀감도 커지고 사회성도 발달하니 술래잡기나 꼬리잡기 놀이에 참여할 수 있는 기회가 생기면 놓치지 마세요.

감각통합&뇌 발달
움직이는 수건 꼬리를 보고 쫓아가서(시각추적, 위치지각) 팔을 뻗어 꼬리를 잡습니다(신체협응, 민첩성).

운동기능	균형감각	운동계획	신체협응	움직임조절	민첩성
시지각	시각주의력	시각추적	위치지각	시각기억력	시운동협응
정서	정서적안정	놀이경험	감정표현	감정조절	자기조절력

징검다리 건너기

준비물 쿠션(또는 방석이나 동화책) 4~5개, 장난감 1개,
아동용 의자(또는 접이식 의자) 1개

QR코드로 활동
동영상을 확인하세요.

사전 준비

☑ 쿠션은 어른 손바닥 한 뼘 정도의 간격을 두고 바닥에 늘어놓아요.

✚ 아이가 쿠션을 건너며 미끄러질 수 있으니 미끄럽지 않은 쿠션을 사용합니다.

☑ 마지막 쿠션 앞에 의자를 놓고 그 위에 아이가 좋아하는 장난감을 둡니다.

☑ 바닥에서 발을 멀리 뻗으며 한 발씩 교차해 걸을 수 있는지 확인해요.

✚ 아이가 한 발씩 교차해서 걷는 것을 어려워하면 부모의 손을 잡고 발을 교차
하는 움직임을 연습합니다.

한 발씩 교차하여 내디디며 쿠션을 건너서 장난감을 잡아요.

≡ 아동발달전문가의 조언

아이들이 처음 혼자서 계단을 오를 때는 난간을 잡고 계단에 한 번에 한 발씩 올려 두 발을 모은 후 다음 계단으로 올라갑니다. 그러다 36개월쯤이 되면 왼쪽 발과 오른쪽 발을 교대로 내디디며 계단을 오르기 시작하지요. 한 발씩 교차하여 내딛으려면 한 발로 중심을 잡을 수 있는 균형감각과 발을 헛디디지 않도록 시각주의력이 요구됩니다. 쿠션 징검다리를 건너는 이 놀이는 한 발씩 교차하는 움직임을 자연스럽게 유도하여 균형감각을 향상시키는 활동입니다. 부모는 아이가 징검다리를 건너기 전에 다음 징검다리를 눈으로 볼 수 있도록 유도하여 안전하게 건너게 도와주세요. 처음에는 아이의 보폭을 고려하여 쿠션의 간격을 정하고 징검다리를 쉽게 건너면 간격을 조금씩 넓히는 게 좋습니다. 쿠션이 작으면 아이가 한 발로 체중을 지지하는 게 어려울 수 있고, 편평하지 않으면 균형을 잡다가 넘어질 수 있으니 적당한 쿠션을 사용해야 합니다.

감각통합&뇌 발달

장난감의 위치와 징검다리의 간격을 보고(시각, 위치지각) 한 발씩 교대로 내디디며(고유수용성) 징검다리를 건넙니다(균형감각, 운동계획, 움직임조절).

감각	촉각	청각	전정감각	고유수용성	시각
운동기능	균형감각	운동계획	신체협응	움직임조절	민첩성
시지각	시각주의력	시각추적	위치지각	시각기억력	시운동협응

지그재그 길 걷기

:::: **준비물** 마스킹테이프

QR코드로 활동
동영상을 확인하세요.

┌┐
└┘ **사전 준비**

☑ 바닥에 마스킹테이프로 어른 걸음 1보 정도 간격으로 지그재그 길 두 줄을 나란히 표시해요. 두 길 사이의 간격은 어른 걸음 1보 정도면 적당해요.

☑ 지그재그 길을 낯설어하면 부모와 손을 잡고 길을 따라 앞으로 걸어봅니다.

⚡ **초간단 놀이법**

부모와 손을 잡고 지그재그 길을 따라 옆으로 걸어요.

이 놀이는 부모와 마주 보고 서서 손을 잡고 지그재그 길을 따라 옆으로 걷는 활동입니다. 이 시기의 아이들은 직선 길이 아닌 대각선 길이나 지그재그 길을 따라 걸을 수 있고, 길과 길 사이의 간격이 좁아도 균형을 잡고 움직임을 조절할 수 있습니다. 그러나 평소 지그재그 길을 옆으로 걸어 본 경험이 없어서 낯설어 할 수 있습니다. 게다가 혼자서 걷는 것이 아니라 손을 잡고 함께 걸어야 하니 상대의 속도에 맞춰서 보폭을 조절해야 하고, 상대가 앞으로 걸을 때 나는 뒤로 걸어야 하니 눈과 발의 숙련된 협응이 요구됩니다. 그러니 활동을 시작하기 전에 아이가 걸을 길과 부모가 걸을 길이 다르다는 것을 알고 어떻게 걸을지 함께 운동계획을 세우는 게 좋습니다.

내 몸에 집중하며 새롭고 낯선 길을 걸으면 뇌에도 즐거운 자극이 전달됩니다. 놀이에 익숙해지면 아이가 좋아하는 음악을 켜놓고 박자에 맞춰서 빠르게 또는 느리게 걸어보세요. 아이와 함께 다양한 길을 만들어보는 것도 좋고, 마스킹테이프 대신 까칠까칠한 수세미와 부드러운 수건으로 촉감 길을 만들어서 다양한 촉각을 느끼면서 걸어보는 것도 추천합니다.

감각통합&뇌 발달
부모와 속도를 맞추어(상호작용, 협동심) 좁은 보폭으로(운동계획, 움직임조절) 지그재그 길을 따라 걸으며(시각추적, 시운동협응) 새로운 길에 적응해 봅니다(적응력).

운동기능	균형감각	운동계획	신체협응	움직임조절	민첩성
시지각	시각주의력	시각추적	위치지각	시각기억력	시운동협응
사회성	적응력	상호작용	협동심	규칙이해	사회적기술

감각 운동기능 시지각 언어 인지 정서 사회성

무릎으로 풍선 치기

준비물 풍선 1개, 얇은 끈 1개

QR코드로 활동
동영상을 확인하세요.

사전 준비

☑ 풍선을 아이의 골반 높이에 오게 공중에 매달고 아이는 풍선 앞에 서요.

☑ 아이가 한 발로 서서 무릎을 들고 5초간 자세를 유지할 수 있는지 확인해요.

✚ 한 발 서기를 어려워하면 벽이나 의자를 잡고 한 발 서기 연습을 먼저 합니다.

초간단 놀이법

한 발로 서서 무릎으로 공중에 매달린 풍선을 쳐요.

✚ 아이가 무릎으로 풍선을 치는 것에 익숙해지면 난도를 높여 다른 신체 부위로 풍선을 쳐도 좋아요.

📋 아동발달전문가의 조언

이 놀이는 한 발로 서서 한쪽 무릎을 올려 매달려 있는 풍선을 치는 활동으로 전정감각, 고유수용성감각, 시각이 통합된 활동입니다. 보통 36개월이 되면 대근육이 발달하여 한 발로 서서 균형을 잡을 수 있습니다. 그러나 아이가 지금껏 한 발로 서는 경험을 해 보지 않았다면 몸이 좌우로 흔들릴 것입니다. 이때 전정감각은 몸이 중심에서 어떤 방향으로 기울어졌는지 감지하여 다시 중심으로 돌아올 수 있도록 도와주고, 고유수용성감각은 다리와 팔을 어느 정도로 움직여 중심을 잡아야 하는지 알려줍니다. 시각은 이 두 가지 감각을 보조합니다.

한 발로 서서 무릎 들기는 한 발로 서기에 비해 훨씬 높은 균형감각과 자세조절 능력을 요구하니 만약 한 발로 서서 무릎 들기를 어려워한다면 우선 한 발로 서서 균형 잡기 활동을 충분히 하여 신체를 조절하는 연습을 한 뒤에 시도해 보세요.

감각통합&뇌 발달
매달린 풍선을 보고(시각) 풍선의 높이에 맞게 다리를 들어(고유수용성, 움직임조절) 넘어지지 않고(균형감각, 전정감각) 무릎으로 풍선을 칩니다(시운동협응, 신체협응).

감각	촉각	청각	전정감각	고유수용성	시각
운동기능	균형감각	운동계획	신체협응	움직임조절	민첩성
시지각	시각주의력	시각추적	위치지각	시각기억력	시운동협응

몸으로 큰 원 그리기

∷ 준비물 탱탱볼 1개

QR코드로 활동
동영상을 확인하세요.

⌐ 사전 준비

☑ 두 손으로 탱탱볼을 잡고 두 발을 어깨너비만큼 벌리고 서요.

☑ 두 손을 높이 들고 몸을 왼쪽, 오른쪽으로 움직이는 연습을 합니다.

⚡ 초간단 놀이법

공을 두 손으로 잡고 팔을 최대한 멀리 뻗어서 공을 둥글게 움직이며 그릴 수 있
는 가장 큰 동그라미를 그립니다.

✚ 아이가 너무 빠르게 움직이면 부모가 손뼉을 쳐서 속도를 조절해 주세요.

✚ 동그라미 그리기에 익숙해지면 난도를 높여 네모, 세모 등을 그려봅니다.

🗐 아동발달전문가의 조언

이 놀이는 그동안 걷고 뛰고 움직이면서 만들어진 신체 감각을 이용하여 몸으로 도형을 그려보는 활동입니다. 활동을 하기 전에 "동그라미는 어떻게 생겼지?", "동그라미를 몸으로 그리려면 어떻게 해야 할까?" 하는 질문을 던져 아이가 생각하는 시간을 가지게 하세요. 그러면서 생각과 몸을 연결하고, 생각한 것을 몸으로 표현하면서 움직임에 집중하는 경험을 할 수 있습니다.

아이들은 신체 감각이 발달하면서 점점 정교하게 몸을 사용합니다. 3세 무렵이 되면 가로선과 세로선을 그리는 단계에서 도형을 그리는 단계로 발달하지요. 발달 단계상 아이들이 제일 처음 그릴 수 있는 도형은 원입니다. 몸으로 원을 그리는 놀이를 한 다음에는 종이에 원을 그리는 기회를 가져보세요. 반대로 원을 그린 후에 몸으로 원을 그려도 좋습니다. 이렇게 놀이 경험과 연결된 지식은 다각도의 자극을 주며 평소 도형에 관심이 없던 아이도 흥미를 가지게 합니다.

감각통합&뇌 발달

선 자세에서 공을 두 손으로 잡고 몸의 균형을 유지하면서 무게중심을 이동하여(움직임조절) 공으로 큰 원을 그립니다(운동계획, 신체협응, 집중력, 놀이경험).

운동기능	균형감각	운동계획	신체협응	움직임조절	민첩성
인지	집중력	조직화	성취감	자신감	문제해결력
정서	정서적안정	놀이경험	감정표현	감정조절	자기조절력

다양한 동작 모방하기

∴ 준비물 없음

⌜⌝ 사전 준비

☑ 아이와 부모는 어른 걸음 2보 거리를 두고 마주 보고 서요.

⚡ 초간단 놀이법

부모가 보여주는 동작을 보고 모방하여 5초 동안 유지합니다.

(예시) 양팔 벌리고 한쪽 다리 들기, 팔꿈치 무릎에 대기 등

돌이 지나면 부모가 보여주는 간단한 동작을 모방하기 시작하여 3세 정도가 되면 팔과 다리의 방향이 다른 모방도 할 수 있습니다. 아직은 언어를 따라 하는 것보다 행동이나 동작을 따라 하는 것이 쉬운 시기이므로 아이가 따라 하는 행동이나 동작에 간단한 단어를 결합하면 운동영역과 언어영역이 통합적으로 발달할 수 있어요. 따라서 이 시기는 '나처럼 해 봐요 이렇게' 노래에 다양한 동작을 넣어서 따라 하는 놀이를 하기 좋습니다. 이와 같은 모방 놀이는 타인에게 집중하고 관찰하는 힘을 키우고 이는 타인의 행동과 기분을 이해하고 공감하는 능력을 배우는 데 씨앗이 되어 사회성 발달로 이어집니다.

아이가 동작을 따라 했을 때 부모가 긍정적인 반응을 보여주면 아이가 더 적극적으로 모방할 수 있는 힘이 생기고, 그 힘이 새로운 동작을 배우는 동기가 되니 놀이를 할 때 적절한 반응을 잊지 마세요. 반대로 아이가 만드는 동작을 부모가 따라 하는 것도 매우 좋습니다. 아이는 자기가 만든 동작을 부모가 따라 했을 때 인정받았다고 느끼고 자신감도 갖게 됩니다.

감각통합&뇌 발달
부모가 보여주는 동작을 유심히 보고(시각주의력, 집중력, 시각기억력)
똑같은 동작을 만들어봅니다(운동계획, 신체협응, 성취감).

운동기능	균형감각	운동계획	신체협응	움직임조절	민첩성
시지각	시각주의력	시각추적	위치지각	시각기억력	시운동협응
인지	집중력	조직화	성취감	자신감	문제해결력

감각　운동기능　시지각　언어　인지　정서　사회성

쿠션으로 풍선 치기

QR코드로 활동
동영상을 확인하세요.

준비물　작은 쿠션(또는 스타킹을 씌운 쇠 옷걸이) 1개,
　　　　　풍선 1개, 큰 쿠션 1~2개

🔲 사전 준비

☑ 아이는 큰 쿠션 위에 올라가서 작은 쿠션을 들고 서요.

☑ 부모는 아이와 어른 걸음 2보 정도의 거리를 두고 마주 보고 서요.

➕ 적절한 크기의 작은 쿠션이 없으면 쇠 옷걸이를 벌려 스타킹을 씌워서 라켓
처럼 사용해도 됩니다.

➕ 아이가 쿠션 위에서 균형을 유지하기 어려워하면 부모와 '하이파이브'를 하면
서 균형을 잡는 연습을 해 보세요.

⚡ 초간단 놀이법

부모가 던져주는 풍선을 쿠션으로 쳐서 부모에게 보내요. 이때 아이가 손으로 잡고 있는 쿠션을 놓치지 않도록 일러줍니다.

✚ 날아오는 풍선을 치는 것이 서툴면 풍선을 매달아놓고 치는 연습을 합니다.

📋 아동발달전문가의 조언

풍선을 손이나 발로 치는 놀이에 익숙해지면 도구를 이용하여 치는 놀이로 확장해 보세요. 도구를 사용하면 더 큰 움직임 조절이 필요하기 때문에 그만큼 뇌도 한 단계 더 발달합니다.

아이들은 가장 먼저 자신의 몸을 지각하고 그 후 공간, 그리고 시간을 지각합니다. 시간을 지각하는 능력이 생기면 풍선이 날아오는 타이밍에 맞춰 공을 받을 때 필요한 움직임을 할 수 있어 공을 주고받을 때 놓치는 횟수가 줄어들게 됩니다. 그러니 현재 아이의 발달 수준이 신체지각, 공간지각, 시간지각 중에서 어느 수준인지 파악해 보세요. 발달 수준을 파악한 후에 놀이를 하면 아이의 실수도 너그러이 이해할 수 있어서 더 재미있게 놀 수 있을 것입니다.

감각통합&뇌 발달

큰 쿠션 위에 서서(균형감각) 작은 쿠션을 놓치지 않게 잡고(촉각) 날아오는 풍선을 보고(시각, 시각추적) 팔을 뻗어서(움직임조절) 풍선을 칩니다(시운동협응, 민첩성).

감각	촉각	청각	전정감각	고유수용성	시각
운동기능	균형감각	운동계획	신체협응	움직임조절	민첩성
시지각	시각주의력	시각추적	위치지각	시각기억력	시운동협응

등 맞대고 공 주고받기

준비물 탱탱볼 1개

QR코드로 활동
동영상을 확인하세요.

사전 준비

☑ 아이는 두 발을 어깨너비만큼 벌려 서고 부모는 아이의 키에 맞추어 무릎서기 자세로 아이와 등을 맞대요.

초간단 놀이법

부모와 등을 맞대고 다양한 방향(위, 아래, 왼쪽, 오른쪽)으로 공을 주고받아요. 이때 아이가 어느 방향에서 공이 오는지 잘 알아차리지 못하면 부모가 공을 전달할 때 언어적 힌트(여기야)를 주거나 몸을 살짝 건드려 가이드를 주세요.

 아동발달전문가의 조언

아이가 신체를 인식하는 시기에 촉각과 고유수용성감각은 필수 감각입니다. 모든 움직임은 내 몸을 인식하여 신체 이미지를 형성하는 데서 시작하니까요.

시각은 촉각과 고유수용성감각을 느낄 때 도움이 되는데 이 놀이에서는 시각의 도움 없이 부모와 등을 맞대고 등에서 느껴지는 촉각과 고유수용성감각에 집중하여 공이 오는 방향을 파악해야 합니다. 그만큼 자세와 움직임의 기반인 고유수용성감각을 강하게 자극할 수 있지요.

시각에만 의존하여 움직임을 학습하다 보면 몸으로 감지하는 경험이 부족해집니다. 예를 들어 계단을 오를 때도 고유수용성감각을 잘 느끼지 못하면 시각에 의존하여 계속 발을 확인해야 하므로 동작이 서툴게 됩니다. 고유수용성감각은 신체 부위의 위치를 알고 움직임의 순서를 계획하는 데 중요한 역할을 하므로 이처럼 고유수용성감각을 자극하는 놀이를 충분히 하는 것이 좋습니다.

 감각통합&뇌 발달
부모와 등을 맞대고 서서 눈으로 보지 않고 집중하여(촉각, 고유수용성, 집중력) 다양한 방향으로 공을 주고받습니다(상호작용, 적응력).

감각	촉각	청각	전정감각	고유수용성	시각
인지	집중력	조직화	성취감	자신감	문제해결력
사회성	적응력	상호작용	협동심	규칙이해	사회적기술

벽에 공 굴리기

⠿ 준비물 탱탱볼 1개, 풍선 1개, 양면테이프

⌐⌐ 사전 준비

☑ 풍선은 탱탱볼과 비슷한 크기로 불어서 아이가 팔을 위로 뻗었을 때 닿을 정
도의 높이에 붙입니다.

☑ 아이는 두 손으로 탱탱볼을 잡고 풍선이 붙어 있는 벽 앞에 서요.

⚡ 초간단 놀이법

탱탱볼을 두 손으로 잡고 벽을 따라서 아래에서 위로 굴리며 벽에 붙어 있는 풍선을 쳐요. 이때 아이가 최대한 직선으로 공을 움직이도록 일러줍니다.

📋 아동발달전문가의 조언

이 놀이는 풍선이 붙어 있는 공간(벽)에서 팔과 몸통의 움직임을 조절하여 공을 굴리는 활동입니다. 벽에 대고 공을 굴리는 것은 중력에 대항하는 움직임이므로 바닥에서 공을 굴리는 것보다 더 큰 신체 에너지가 필요한 활동입니다. 또한 다리와 몸통은 그대로 유지한 채 팔만 움직여 공을 위아래로 움직이는 것은 신경계 발달에 자극을 주고 신체를 정렬하는 효과가 있습니다. 신경계가 아직 미성숙하다면 자세 안정성의 범위가 좁기 때문에 쉽게 무게중심이 무너지고 자세의 정렬이 깨져서 공을 풍선까지 올리기 전에 놓치기 쉽습니다.

이 놀이를 확장하여 벽 밀기 놀이를 해 보는 것도 좋습니다. 두 손으로 벽을 짚고 두 다리를 앞뒤로 살짝 벌린 상태로 벽을 미는 간단한 활동이지만 몸 전체에 힘을 주기 때문에 전신근육과 관절을 자극할 수 있고 어깨, 팔꿈치, 손목, 손가락의 힘을 기를 수 있습니다. 이렇게 기른 상체의 힘은 안정적인 소근육 활동의 기반이 됩니다.

감각통합&뇌 발달
풍선의 위치를 확인하고(위치지각) 공을 아래에서 위로 직선으로 굴려서(균형감각, 신체협응, 움직임조절) 벽에 붙어 있는 풍선을 칩니다(시운동협응, 시각추적).

운동기능	균형감각	운동계획	신체협응	움직임조절	민첩성
시지각	시각주의력	시각추적	위치지각	시각기억력	시운동협응
정서	정서적안정	놀이경험	감정표현	감정조절	자기조절력

지그재그 짐볼 나르기

●●　**준비물**　콘(또는 500mL 생수병) 5개, 짐볼 1개

[ ]　**사전 준비**

☑ 콘 5개를 어른 걸음 1보 정도의 간격을 두고 지그재그 모양으로 세워요.

☑ 아이와 부모는 첫 번째 콘 앞에 마주 보고 서서 함께 짐볼을 들어요.

⚡　**초간단 놀이법**

부모와 함께 짐볼을 들고 콘 사이를 지그재그로 통과하여 마지막까지 이동해요.

✚ 아이가 옆으로 걷는 것을 어려워하면 부모의 손을 잡고 걷기 연습을 해요.

📋 아동발달전문가의 조언

공놀이는 공의 크기와 무관하게 다양한 움직임과 운동감각을 키우는 데 매우 좋습니다. 이 시기의 아이들은 자기 몸보다 큰 공(짐볼)을 가지고 놀 수 있을 정도로 힘도 세지고 신체조절력도 생기니 짐볼을 활용한 놀이를 시작해 보세요. 짐볼 위에 엎드리고 앉고 굴리며 탐색을 하는 것만으로도 좋은 놀이가 됩니다. 이 놀이는 짐볼을 부모와 함께 들고 지그재그 모양으로 놓인 콘 사이를 지나가는 활동입니다. 무거운 짐볼을 들고 지그재그로 콘을 피해 움직이려면 고려할 것이 많습니다. 콘이 어디에 놓여 있는지, 어느 쪽으로 움직여야 하는지, 위치와 공간을 생각해야 하고, 들고 있는 짐볼도 놓치지 않아야 합니다. 또한 부모와 움직이는 속도도 맞춰야 하기 때문에 더욱 집중해야 하지요. 많은 움직임의 요소가 들어있는 반면 짐볼을 다루기 쉽지 않아서 포기하려고 할 수 있습니다. 그런 경우 부모는 아이가 짐볼에 관심을 가지고 놀면서 인내심을 키울 수 있도록 격려해 주세요. 그리고 부모와 옆으로 짐볼 나르기가 익숙해지면 머리 위로 들어올려서 나르는 놀이로 연결해 보세요.

감각통합&뇌 발달

부모와 함께 짐볼을 들고(균형감각) 콘의 위치를 보면서(위치지각) 움직임과 방향을 조절하여(신체협응, 움직임조절, 집중력) 지그재그로 이동합니다(시운동협응).

운동기능	균형감각	운동계획	신체협응	움직임조절	민첩성
시지각	시각주의력	시각추적	위치지각	시각기억력	시운동협응
인지	집중력	조직화	성취감	자신감	문제해결력

컵 위의 탁구공 치기

⁙ 준비물 종이컵 6개, 탁구공 6개

QR코드로 활동
동영상을 확인하세요.

⌐┐ 사전 준비

☑ 종이컵은 뒤집어서 좌우로 늘어놓고 종이컵 위에 탁구공을 올려놓아요. 종이컵 사이의 간격은 어른 손바닥 한 뼘 정도면 적당해요.

☑ 아이가 한 발을 들고 안정적으로 5초간 균형을 잡을 수 있는지 확인해요.

⚡ 초간단 놀이법

한 발을 들고 발끝으로 컵 위에 놓인 탁구공을 쳐서 떨어뜨려요.

✚ 축구하듯이 공을 치는 것이 아니라 발끝으로 가볍게 공을 쳐야 합니다.

✚ 한 발로 서서 균형을 유지하기 어려워하면 의자나 벽을 잡고 연습하게 해요.

🗨 아동발달전문가의 조언

아이들의 대근육은 몸 전체로 크고 거칠게 움직이는 놀이에서 시작하여 필요한 근육과 관절만 움직이는 정교한 움직임으로 발달합니다. 몸통과 팔다리의 힘이 먼저 길러지고 손가락, 발가락 힘은 나중에 발달하지요. 따라서 대근육 움직임이 정교하지 못한 상태에서 소근육 움직임을 연습하면 기반이 견고하지 못하여 시간이 오래 걸리고 힘듭니다.

이 놀이는 컵 위에 놓인 탁구공을 발가락으로 치는 활동으로 정교한 대근육 움직임을 요구하는 활동입니다. 눈으로 탁구공을 보고 한 발로 균형을 잡은 후에 발을 탁구공에 대고 살짝 힘을 주어 밀어야 컵은 그대로 있고 탁구공만 떨어뜨릴 수 있지요. 이 시기에는 위치에 대한 개념을 배우고 이해할 수 있으니 "탁구공을 컵 안에 넣어봐." 등의 언어지시를 통해 탁구공과 컵의 공간 관계를 익히는 놀이로 확장해도 좋습니다.

감각통합&뇌 발달

종이컵 위의 탁구공을 보고(시각) 한 발을 들어(균형감각) 발끝으로(촉각) 조심히 탁구공만 쳐서(고유수용성, 움직임조절, 위치지각) 떨어뜨립니다(시운동협응).

감각	촉각	청각	전정감각	고유수용성	시각
운동기능	균형감각	운동계획	신체협응	움직임조절	민첩성
시지각	시각주의력	시각추적	위치지각	시각기억력	시운동협응

불어서 탁구공 떨어뜨리기

●● **준비물** 탁구공 3개, 종이컵 3개, 책상 1개

QR코드로 활동
동영상을 확인하세요.

⌐┐ **사전 준비**
└┘

☑ 책상 위에 종이컵 3개를 뒤집어서 좌우로 늘어놓고 종이컵 위에 탁구공을 올려놓아요. 종이컵 사이의 간격은 어른 손바닥 한 뼘 정도면 적당해요.

✚ 아이가 입바람을 불기 어려워하면 부모는 손가락으로 반지 모양을 만들어서 아이의 입술에 대주고 입으로 바람을 부는 연습을 하게 도와주세요.

⚡ 초간단 놀이법

입으로 바람을 세게 불어서 종이컵 위에 있는 탁구공을 차례로 떨어뜨려요.

🗨 아동발달전문가의 조언

불기 활동은 각성을 조절하는 데 도움을 주어 집중할 수 있는 뇌를 만들어주고, 폐활량을 늘리며, 구강근육(입술 주변 근육)을 사용하게 하여 언어 발달에도 도움이 됩니다. 아이들이 입바람 불기를 어려워하면 처음에는 빨대를 사용하여 불어도 됩니다. 입바람 세기 조절이 어려우면 너무 세게 불어서 종이컵도 함께 앞으로 날아갈 수 있어요. 그러나 연습을 통해 입바람 세기를 조절할 수 있게 되면 탁구공의 위치를 하나씩 보고 적절한 힘으로 불 수 있게 됩니다. 자신의 입에서 나오는 바람으로 탁구공을 떨어뜨리는 경험으로 성취감도 느끼게 되지요. 아이가 부는 놀이에 재미를 붙이면 비눗방울 불기, 촛불 끄기, 나팔불기 등의 활동을 통해 관심을 확장해 주세요. 다양한 사물을 불다보면 가벼운 물건은 불어서 움직일 수 있고 무거운 물건은 불어서 움직이기 어렵다는 것을 알게 되어 사물 특성의 차이도 자연스레 익힐 수 있습니다.

감각통합&뇌 발달

탁구공이 있는 위치를 보고(시각, 시각추적, 위치지각) 적절한 세기로 입바람을 불어서(고유수용성) 탁구공을 모두 떨어뜨립니다(집중력, 성취감, 자신감).

감각	촉각	청각	전정감각	고유수용성	시각
시지각	시각주의력	시각추적	위치지각	시각기억력	시운동협응
인지	집중력	조직화	성취감	자신감	문제해결력

등으로 인형 옮기기

준비물 인형(또는 작은 쿠션) 1개, 놀이매트

사전 준비

☑ 아이가 안정적인 네발기기 자세를 취하면 등 위에 납작한 인형을 올려주세요.

초간단 놀이법

네발기기 자세로 등 위에 올린 인형을 떨어뜨리지 않고 균형을 유지하며 조심스레 앞으로 이동해요.

이 시기의 아이들은 집 안 곳곳에 있는 물건을 이리저리 옮기는 것을 반복하면서 놉니다. 부모가 보기에는 큰 의미가 없어 보이지만 자세히 살펴보면 아이들은 이러한 놀이를 통해 움직임에 필요한 감각을 끊임없이 익힙니다. 처음에는 물건을 한 번에 하나씩 두 팔로 감싸서 옮기다가 양쪽 팔에 하나씩 끼고 옮기고, 나중에는 양손에 하나씩 쥐고 옮기지요. 점차 움직임이 정교해지고 있는 것입니다. 이 놀이는 네발기기 자세로 등 위에 올린 물건을 옮기는 활동입니다. '내 등에 무언가 있다.'라는 것을 인식하고 '떨어지지 않게 조심조심 가야지!', '앗! 떨어질 것 같으니 조심해야지.' 하며 자신의 몸에 집중하지요. 여기에 관여하는 것이 고유수용성감각입니다. 보이지 않고 만져지지 않지만 몸 안에 있는 관절과 근육의 움직임을 느끼고 미세하게 조절하지요. 이불 줄다리기, 식탁 의자 아래로 기어가기, 어린이 카트 밀기 등의 놀이도 고유수용성감각을 자극하는 데 좋습니다. 네발기기 자세로 움직일 때 등 위의 인형을 알아차리기 어려워하면 무게감이 있는 물건을 올려서 촉각 감지를 도와주세요. 놀이가 익숙해지면 길 중간에 장애물을 놓고 장애물을 피해 인형을 떨어뜨리지 않으면서 건너가 봅니다.

감각통합&뇌 발달
네발기기 자세에서(전정감각) 팔과 다리를 교대로 움직여서(고유수용성, 신체협응, 움직임조절) 등 위에 있는 인형이 떨어지지 않게(균형감각) 이동합니다(집중력).

감각	촉각	청각	전정감각	고유수용성	시각
운동기능	균형감각	운동계획	신체협응	움직임조절	민첩성
인지	집중력	조직화	성취감	자신감	문제해결력

내가 만든 길 건너기

⠿ 준비물 얇은 두께의 동화책 5권, 아동용 의자(또는 접이식 의자) 1개,
장난감 1개

⌜⌝ 사전 준비

☑ 매트 한편에 의자를 놓고 의자 위에 아이가 좋아하는 장난감을 올려두세요.
여기가 도착점이라고 일러줍니다.

☑ 다른 편에 동화책 여러 권을 쌓아두고 책을 한 권씩 옮겨서 길을 만드는 방
법을 알려줍니다.

✚ 부모가 직접 길 만드는 것을 시범 삼아 보여줘도 좋아요.

1. 아이가 직접 책을 옮겨서 도착점부터 시작점까지 길을 만들어요.

➕ 직선으로 길을 만들 수 있도록 책 놓을 곳을 짚어주어도 좋아요.

2. 직접 만든 길을 밟고 장난감이 있는 도착점까지 건너가요.

📃 아동발달전문가의 조언

3세 정도가 되면 아이는 혼자서 열심히 만든 것을 부모에게 자랑하고 싶어하고 부모의 반응을 보고 만족감을 느낍니다. 자신의 행동에 대한 결과에서 즐거움을 느끼는 것이지요. 그리고 놀이도구 자체에 대한 탐색의 수준에서 발전하여 쌓고 만드는 구성능력이 생깁니다.

나만의 길을 만들고 그 길을 따라 걷는 이 활동은 성취감을 느낄 수 있는 활동입니다. 짧은 길 만들기에 익숙해지면 거실에서 방까지 긴 길을 만들게 하고 아이가 만든 길을 따라 부모가 걸어보세요. 더 큰 성취감을 느낄 거예요. 만약 아이가 마음만큼 길게 만들지 못하면 "이렇게 책을 놓으면 길어지겠네."와 같이 아이의 생각을 읽어주면서 길을 만드는 방법에 대해서 알려주세요.

감각통합&뇌 발달
스스로 생각해서 길을 만들고(운동계획, 집중력) 길을 따라 건너서(균형감각) 도착점까지 이동합니다(규칙이해, 성취감).

운동기능	균형감각	운동계획	신체협응	움직임조절	민첩성
인지	집중력	조직화	성취감	자신감	문제해결력
사회성	적응력	상호작용	협동심	규칙이해	사회적기술

감각 　운동기능 　시지각 　언어 　인지 　정서 　사회성

몸 터널 만들기

⠶ 준비물 탱탱볼 1개

QR코드로 활동
동영상을 확인하세요.

⌐ 사전 준비

☑ 아이가 엎드린 자세에서 몸통을 위로 올려 푸시업 자세를 만들 수 있는지, 푸시업 자세를 안정적으로 5초간 유지할 수 있는지 확인해요.

➕ 아이가 푸시업 자세를 만들기 어려워하면 아이 앞에 낮은 의자를 놓고 아이가 손으로 의자를 잡은 상태로 무릎과 엉덩이를 드는 연습을 해 봅니다.

☑ 부모는 아이와 어른 걸음으로 2보 간격을 두고 앉아요.

⚡ 초간단 놀이법

1. 엎드린 아이를 향해 공을 굴려줍니다.

2. 엎드려 있다가 굴러오는 공을 보고 빠르게 몸통을 올려 푸시업 자세를 만들어요. 이때 적당한 높이로 몸통을 들어서 공이 몸 터널을 통과할 수 있게 합니다.

💬 아동발달전문가의 조언

이 놀이는 공이 통과할 수 있도록 몸으로 터널을 만드는 활동입니다. 먼저 부모가 어떻게 터널을 만들 수 있는지 몸으로 직접 시범을 보여주고 아이와 '동대문 놀이' 노래를 부르면서 노래가 끝나기 전에 부모가 만든 몸 터널을 통과하게 하여 몸 터널에 익숙해지게 해도 좋습니다.

아이가 터널을 만들 때는 공을 굴려주는 타이밍에 맞춰 자세를 바꿀 수 있도록 "공 굴러간다."와 같이 언어적 힌트를 주세요. 엎드려서 준비하고 있다가 민첩하게 몸통을 올려 터널을 만들기 위해서는 빠르게 움직임을 계획해야 하고 자세가 안정적이어야 합니다. 아이가 팔과 다리에 힘이 없거나 터널 자세 만드는 것을 어려워하면 공 없이 자세를 만드는 연습을 먼저 하는 것도 좋습니다.

감각통합&뇌 발달

부모가 만든 터널을 통과해 보고(놀이경험, 상호작용), 엎드려 있다가 공이 굴러오는 타이밍에 푸시업 자세를 만들어서 공을 통과시킵니다 (운동계획, 움직임조절, 민첩성).

운동기능	균형감각	운동계획	신체협응	움직임조절	민첩성
정서	정서적안정	놀이경험	감정표현	감정조절	자기조절력
사회성	적응력	상호작용	협동심	규칙이해	사회적기술

벌어진 선 따라 움직이기

⁝⁝ 준비물 마스킹테이프(또는 얇은 줄), 놀이매트

QR코드로 활동
동영상을 확인하세요.

사전 준비

☑ 마스킹테이프로 매트 바닥에 좁게 시작해서 점점 넓어지는 두 줄의 선을 표시해요. 선의 길이는 어른 걸음 3보 정도면 적당해요.

☑ 좁은 쪽 선 위에 서서 다리를 점점 옆으로 넓게 벌리는 연습을 합니다.

초간단 놀이법

한 발씩 선을 밟고 서서 점점 벌어지는 선을 따라 앞으로 이동해요.

✚ 두 다리를 넓게 벌리기 어려워하면 너비를 좁게 조정해서 다시 시도해요.

 아동발달전문가의 조언

이 놀이는 간격이 점점 벌어지는 두 개의 선을 발로 밟으면서 앞으로 이동하는 활동입니다. 놀이 시작 전에 부모는 아이에게 두 발 모두 선을 밟고 끝까지 이동해야 한다고 일러주세요. 아이는 선의 간격이 점점 넓어지는 것을 눈으로 따라보면서 선에서 벗어나지 않게 이동해야 합니다. 발이 선 안으로 들어오거나 선 밖으로 나가면 다시 선을 밟고 이동할 수 있도록 알려주세요. 이 놀이를 통해 아이는 두 다리를 동시에 벌리고 모으는 협응능력과 동적인 균형감각을 기를 수 있습니다.

촉각을 자극할 수 있도록 되도록 맨발로 놀이하는 것이 좋습니다. 그러나 촉각 자극에 민감한 아이의 경우 줄보다는 마스킹테이프를 이용하는 게 좋아요. 처음에는 선 간격을 좁게 하여 도전하고 동작이 익숙해지면 선 간격을 넓게 하여 난도를 높여요. 두 개의 선 중간 중간에 작은 물건을 장애물로 올려놓고 장애물을 피하며 걷는 놀이로 확장해도 좋아요.

 감각통합&뇌 발달
점점 벌어지는 선을 눈으로 따라보면서(시각주의력, 시각추적, 위치지각) 선의 너비에 따라 다리의 움직임을 조절하여(고유수용성, 균형감각) 앞으로 이동합니다(신체협응, 움직임조절).

감각	촉각	청각	전정감각	고유수용성	시각
운동기능	균형감각	운동계획	신체협응	움직임조절	민첩성
시지각	시각주의력	시각추적	위치지각	시각기억력	시운동협응

두 발로 공 잡기

⋮ 준비물 볼풀공 5개, 넓은 바구니 1개

⌐ 사전 준비

☑ 아이는 어깨너비만큼 다리를 벌리고 서고, 부모는 아이와 어른 걸음 2보 정도
의 거리를 두고 앉아요. 볼풀공이 담긴 바구니는 부모 옆에 두어요.

☑ 아이가 서서 두 다리를 벌렸다 빠르게 모을 수 있는지 확인해요.

⚡ 초간단 놀이법

부모가 굴려주는 공을 보고 두 발을 빠르게 모아 공을 잡아요.

✚ 부모는 아이가 발로 공을 잡는 정확도에 따라 굴리는 속도를 조절해 주세요.

📋 아동발달전문가의 조언

아이들은 다양한 놀이를 통해 뇌를 활성화하는 동시에 정보를 처리하는 속도를 높입니다. 점차 몸의 균형을 익혀 두 발로 점프하기, 공 차기 등의 움직임이 능숙해지다가 3세가 되면 협응이 필요한 동작을 부드럽게 할 수 있습니다. 같은 움직임을 해도 리듬감이 생기면서 효율적인 움직임이 나타나는 것입니다.

이 놀이는 굴러오는 공을 두 발로 잡는 활동으로, 필요한 다리 근육만 사용하여 정확하게 공을 잡을 수 있어야 합니다. 즉 양발의 협응과 신체를 스스로 조절하는 기술이 필요하고 적절한 타이밍에 민첩하게 움직여야 합니다. 공이 굴러오는 것을 보더라도 민첩하게 두 발을 모으는 동작으로 이어지지 않으면 공을 놓칠 수 있고, 두 발로 공을 잡는 것이 익숙하지 않아서 공을 놓칠 수도 있습니다. 처음에는 미숙하더라도 놀이를 계속 반복하면 점점 잡기 쉬워지니 부모는 아이가 다시 도전할 수 있게 격려해 주세요. 공을 천천히 굴려주거나 공을 잡을 타이밍을 알려주는 것도 좋습니다.

감각통합&뇌 발달

굴러오는 공을 보고(시각주의력, 시각추적) 적절한 타이밍에 빠르게 두 발을 모아(민첩성, 움직임조절) 공을 잡습니다(신체협응).

감각	촉각	청각	전정감각	고유수용성	시각
운동기능	균형감각	운동계획	신체협응	움직임조절	민첩성
시지각	시각주의력	시각추적	위치지각	시각기억력	시운동협응

감각 　운동기능 　시지각 　언어 　인지 　정서 　사회성

뒤에서 굴러오는 공 잡기

⋮⋮ 준비물 볼풀공 5개, 넓은 바구니 1개

⌐¬ 사전 준비
☑ 아이는 어깨너비만큼 다리를 벌리고 서고, 부모는 어른 걸음 2보 간격을 두고 아이의 뒤에 앉아요.

☑ 아이가 상체를 90도 이상 숙여 다리 사이로 뒤에 있는 부모를 볼 수 있는지 확인해요.

✚ 서서 몸을 앞으로 숙이는 자세를 취할 때 앞으로 넘어질 것처럼 보이면 손을 무릎 위에 올려놓게 합니다.

부모가 뒤에서 아이의 다리 사이로 공을 굴려주면 아이는 상체를 앞으로 숙여서 공을 보고 손으로 잡아요.

📑 아동발달전문가의 조언

다리를 벌리고 서서 앞으로 몸을 숙여 다리 사이로 보면 사물이 거꾸로 보입니다. 이러한 자세를 취할 수 있으려면 전정계가 안정적이어야 합니다. 전정감각은 머리와 몸의 자세가 바뀔 때마다 자연스럽게 균형을 유지해 주는 감각입니다. 아이들은 아직 전정계가 발달하는 중이어서 거꾸로 매달리고 뛰고 빙글빙글 돌면서 이러한 자극을 스스로 만들고 즐깁니다.

전정감각은 균형감각과 굉장히 밀접한 감각으로 운동신경 발달에 필수적이므로 충분히 자극해 주는 것이 좋습니다. 만약 아이가 전정감각에 대한 처리가 아직 미숙하면 머리가 아래로 숙여지는 것을 두려워할 수 있습니다. 이런 경우에는 놀이터에 있는 그네나 빙글빙글 돌아가는 놀이기구, 잡기 놀이를 통해 전정감각을 자극하고 다루는 경험이 꼭 필요합니다.

감각통합&뇌 발달
상체를 앞으로 숙여(전정감각, 균형감각) 굴러오는 공을 다리 사이로 보고(시각추적, 위치지각) 손으로 잡습니다(민첩성, 시운동협응).

감각	촉각	청각	전정감각	고유수용성	시각
운동기능	균형감각	운동계획	신체협응	움직임조절	민첩성
시지각	시각주의력	시각추적	위치지각	시각기억력	시운동협응

한 발로 공 세우기

:::: **준비물** 탱탱볼 1개, 놀이매트

QR코드로 활동
동영상을 확인하세요.

사전 준비

☑ 매트를 깐 후 어른 걸음 2보 정도의 간격을 두고 마주 보고 서요.

☑ 아이가 한 발로 서서 안정적으로 다리를 올렸다 내릴 수 있는지 확인해요.

초간단 놀이법

아이 앞으로 공을 천천히 굴려주면 한 발을 들어서 공을 잡아요.

➕ 한 발로 공을 잡기 어려워하면 거리를 좁히거나 속도를 조절해 주세요.

✚한 발로 균형을 잡기 어려워하면 벽이나 의자를 잡고 서서 한쪽 다리를 무릎 높이까지 올렸다 내리는 연습을 합니다.

🗐 아동발달전문가의 조언

굴러오는 공을 한 발로 잡으려면 한 발로 균형을 잡고 서서 적절한 타이밍에 공 위에 발을 올릴 수 있어야 합니다. 움직임이 준비되더라도 굴러오는 공의 위치를 파악하는 위치지각능력과 공을 계속 주시하는 시지각능력이 뒷받침되지 않으면 공을 놓칠 수 있습니다.

이 활동은 공이 굴러오는 거리와 속도를 예측하여 한 발을 들어야 하고 공을 세울 때 미세한 힘 조절이 필요합니다. 공을 발로 잡다가 균형을 잃고 넘어질 수 있으니 놀이하기 전에 꼭 매트를 깔고 하는 것이 좋습니다. 안전한 매트 위에 넘어지는 과정도 온몸을 자극하는 놀이가 될 수 있으니 설령 넘어지더라도 아이가 놀라거나 좌절하지 않게 격려해 주세요. 움직이는 공을 발로 잡는 놀이는 평소에 활동적이지 않은 아이도 즐겁게 할 수 있는 놀이이니 놀이가 익숙해지면 집이 아니라 놀이터나 공원으로 공간을 넓히는 것이 좋습니다..

감각통합&뇌 발달

굴러오는 공을 보고(시각추적, 위치지각), 적절한 타이밍에 한쪽 다리를 들어(고유수용성, 균형감각) 발로 공을 잡습니다(운동계획, 움직임 조절).

감각	촉각	청각	전정감각	고유수용성	시각
운동기능	균형감각	운동계획	신체협응	움직임조절	민첩성
시지각	시각주의력	시각추적	위치지각	시각기억력	시운동협응

두 발로 신문지 끌기

⠿ 준비물 길게 이어 붙인 신문지, 아동용 의자 1개

QR코드로 활동
동영상을 확인하세요.

⌐⌐ 사전 준비

☑ 바닥에 의자를 놓고 길게 이어 붙인 신문지를 의자 앞에 놓아요.

☑ 아이가 의자에 앉아서 두 다리를 교대로 움직일 수 있는지 확인해요.

✚ 두 발을 움직일 때 균형을 잡기 어려워하면 손으로 의자를 잡아도 괜찮아요.

⚡ 초간단 놀이법

의자에 앉아서 발로 신문지를 가볍게 누르고 두 다리를 교대로 빨리 움직여서 길게 놓인 신문지를 몸 쪽으로 끌어당깁니다.

아동발달전문가의 조언

이 놀이는 신문지 위에 두 발을 올려놓고 두 다리를 교대로 움직여서 신문지를 끌어당기는 활동입니다. 의자에 앉아서 두 다리를 움직이려면 상체의 안정성이 필요하고 얇은 신문지가 찢어지지 않도록 세밀하게 힘의 세기를 조절해야 해요. 이 시기의 아이들은 서서히 세발자전거를 접하게 됩니다. 일반적으로 자전거를 타려면 페달을 굴릴 수 있는 힘이 필요하고, 균형을 잡고 왼쪽 발과 오른쪽 발의 교차 움직임이 가능해야 하며 방향 조정도 해야 합니다. 따라서 이 놀이는 아이가 자전거를 타기 전에 페달 밟는 동작을 연습하기에도 좋습니다.

부모는 아이가 두 발로 신문지를 몸 쪽으로 당길 때 두 다리를 박자에 맞춰서 교대로 움직일 수 있게 "왼발, 오른발!" 신호를 주거나 신문지 방향을 발로 조정할 수 있도록 알려줍니다. 만약에 놀이 중에 신문지가 찢어지면 힘의 세기를 조절하여 다시 도전하도록 격려해 주세요. 발로 신문지를 당기는 것이 익숙해지면 더 큰 다리의 힘이 필요한 얇은 담요 끌기를 시도해 봅니다.

감각통합&뇌 발달

의자에 앉은 자세에서 두 다리를 교대로 움직여서(균형감각, 신체협응) 신문지를 빠르게 몸 쪽으로 끌어당깁니다(움직임조절, 놀이경험).

감각	촉각	청각	전정감각	고유수용성	시각
운동기능	균형감각	운동계획	신체협응	움직임조절	민첩성
정서	정서적안정	놀이경험	감정표현	감정조절	자기조절력

부모와 함께 공 옮기기

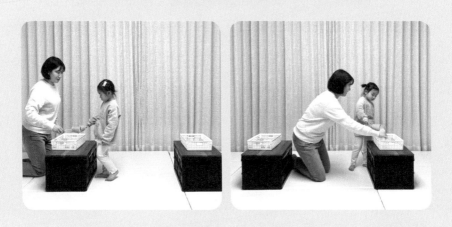

⠿ 준비물 종이컵 2개, 나무젓가락 2짝, 탁구공 5개, 넓은 바구니 2개,
책상(또는 의자) 2개, 셀로판테이프

QR코드로 활동
동영상을 확인하세요.

⌐ 사전 준비

☑ 종이컵 바닥을 뚫어서 나무젓가락을 넣고 테이프로 고정합니다.

☑ 두 개의 책상은 어른 걸음으로 2보 정도의 간격을 두고 놓습

니다. 한쪽 책상에는 빈 바구니를, 다른 쪽 책상에는 탁구공이

담긴 바구니를 올려놓습니다.

✚ 아이와 부모는 책상 하나를 사이에 두고 마주 보세요.

⚡ 초간단 놀이법

1. 각자 종이컵의 손잡이를 잡고 함께 종이컵을 모아서 탁구공을 하나 잡아요.
2. 잡은 공을 떨어뜨리지 않고 다른 책상의 바구니까지 움직여서 공을 넣어요.

📋 아동발달전문가의 조언

이 놀이는 부모와 아이가 협동하여 종이컵 입구를 맞대어 공을 옮기는 활동입니다. 종이컵에 달린 손잡이를 잘 잡고 조절해야 하고 부모와 함께 옮겨야 하므로 집중력과 협동심이 요구되지요.

협동 놀이는 친밀감을 형성하고 정서를 발달하는 데 효과적인 한편 경험이 필요한 놀이입니다. 그러니 평소 아이와 협동 놀이를 할 때 적극적인 놀이 파트너가 되어주어 아이가 놀이의 재미를 느낄 수 있게 도와주세요. 자꾸 탁구공이 떨어져 공 옮기기에 실패하면 바구니의 간격을 좁혀 난이도를 조절해 주세요. 그리고 옮기기에 성공하면 "우아! 진짜 대단한데! 우린 최고의 파트너야!"와 같이 적극적인 반응을 해주어 아이에게 성취감을 느끼게 해주고 자신감을 높여주세요. 놀이에 익숙해지면 탁구공보다 작은 크기의 폼폼을 옮기는 것도 좋아요.

감각통합&뇌 발달
부모와 함께 협동하여(상호작용, 협동심) 종이컵 입구를 맞대어 공을 잡고 바구니로 옮깁니다(규칙이해, 집중력, 성취감).

인지	집중력	조직화	성취감	자신감	문제해결력
정서	정서적안정	놀이경험	감정표현	감정조절	자기조절력
사회성	적응력	상호작용	협동심	규칙이해	사회적기술

감각　운동기능　시지각　언어　인지　정서　사회성

종이컵 길 건너기

● **준비물** 종이컵 6개

QR코드로 활동
동영상을 확인하세요.

사전 준비

☑ 종이컵은 어른 손바닥 한 뼘 정도의 간격으로 바닥에 길게 늘어놓아요.

☑ 네발기기 자세에서 다리를 어깨너비보다 넓게 벌린 후에 무릎을 펴고 엉덩이

를 높이 들어서 곰걷기 자세(bear walking)를 만들어요.

초간단 놀이법

곰걷기 자세로 종이컵에 몸이 닿지 않게 앞으로 이동해요.

✚ 앞으로 이동할 때 머리가 바닥을 향하거나 몸이 앞으로 쏠리지 않게 주의합니다. 이 자세를 어려워하면 아이의 골반을 잡고 움직임을 도와주세요.

🗨 아동발달전문가의 조언

곰걷기 자세는 네발기기와 유사하지만 코어근육과 상체·하체 움직임의 통합이 훨씬 더 활발하게 이루어지는 자세입니다. 이 자세로 움직이면 골반, 무릎, 팔, 다리 관절의 복합적인 움직임이 일어나고 팔다리에 체중이 실리기 때문에 무게감을 느껴서 온몸의 감각도 기를 수 있어요.

이 놀이는 곰걷기자세를 유지하면서 종이컵에 닿지 않게 이동해야 하기 때문에 높은 수준의 신체지각이 필요합니다. 놀이에 익숙해지면 종이컵을 2층으로 쌓거나 나란히 두 줄로 놓아서 배를 더 높이 들거나 팔다리를 옆으로 더 벌리게 해보세요. 효과가 배가 됩니다. 또한 아이가 직접 종이컵 길을 만들면 아이가 주도하는 놀이로 변형할 수 있습니다. 이 시기 아이들은 신발도 스스로 신고 옷도 스스로 벗는 등 부모의 도움 없이 혼자서 일상 활동을 해내며 성취감을 느낍니다. 따라서 놀이를 할 때도 아이의 주도성을 살려주는 게 좋습니다.

감각통합&뇌 발달
종이컵을 보고(시각) 종이컵이 몸에 닿지 않을 정도의 높이로 엉덩이를 들어(고유수용성, 운동계획, 움직임조절) 곰걷기자세로 앞으로 이동합니다(전정감각, 신체협응, 집중력).

감각	촉각	청각	전정감각	고유수용성	시각
운동기능	균형감각	운동계획	신체협응	움직임조절	민첩성
인지	집중력	조직화	성취감	자신감	문제해결력

같은 색깔로 점프하기

:: 준비물 원마커 또는 색종이(빨강, 노랑, 파랑 각 2개씩) 6개

⌐ᒣ 사전 준비

☑ 원마커는 색깔별로 한 개씩 어른 손바닥 한 뼘 정도의 간격을 두고 아이 앞에 좌우로 늘어놓아요.

☑ 원마커를 사이에 두고 마주 봅니다. 부모는 원마커를 들고 앉아요.

⚡ 초간단 놀이법

부모가 원마커 하나를 들고 보여주면 아이는 똑같은 색깔의 원마커로 점프해요.

✚ 색깔을 보고 그대로 잘 이동하면 난도를 높여서 색깔을 추가하거나 원마커 배열을 변경해 봅니다.

🗐 아동발달전문가의 조언

이 놀이는 부모가 보여주는 원마커를 보고 똑같은 색의 원마커로 점프하는 색깔 인지 활동입니다. 부모가 보여주는 원마커의 위치는 아이의 정면에 있고, 아이가 점프할 원마커는 바닥에 있어서 앞을 본 후에 빠르게 시선을 바꿔서 바닥을 봐야 합니다. 아이가 색깔을 구분해도 시각주의력과 시각추적능력이 부족하면 같은 색깔로 정확하게 점프하기 어렵고, 보여준 색깔과 똑같은 색깔의 원마커를 찾아도 시각-운동협응력이 미숙하면 다른 곳으로 점프를 할 수도 있습니다. 이 외에도 거실 바닥에 마스킹테이프로 빨간색 길, 파란색 길, 초록색 길을 서로 교차하여 만들어 놓고 길을 따라 같은 색깔의 공을 굴리면서 이동하는 놀이도 좋습니다. 색깔을 눈으로 주시하면서 몸을 사용하여 이동하는 놀이는 신나고 재미있을 뿐만 아니라 뇌를 능동적으로 자극하기 때문에 기억에도 오래 남아요.

감각통합&뇌 발달
부모가 보여주는 색깔을 보고(시각) 같은 색깔의 원마커를 구별하여(시각주의력, 집중력) 적절한 위치로(위치지각) 점프합니다(시운동협응).

감각	촉각	청각	전정감각	고유수용성	시각
시지각	시각주의력	시각추적	위치지각	시각기억력	시운동협응
인지	집중력	조직화	성취감	자신감	문제해결력

감각　운동기능　시지각　언어　인지　정서　사회성

왕복달리기로 공 옮기기

⠿ 준비물　계란판 1개, 탁구공 10개, 넓은 바구니 1개,
　　　　　책상(또는 의자) 2개

QR코드로 활동
동영상을 확인하세요.

사전 준비

☑ 두 개의 책상을 어른 걸음으로 3보 정도의 간격을 두고 양쪽에 둡니다.

☑ 한쪽 책상에는 계란판을, 다른 쪽에는 탁구공이 담긴 바구니를 놓습니다.

⚡ 초간단 놀이법

1. 바구니에 있는 공을 하나 잡아요.

2. 공을 들고 계란판이 있는 반대편 책상으로 빠르게 뛰어가요.

3. 계란판에 공을 놓고 다시 바구니가 있는 반대편 책상으로 뛰어와요.

4. 바구니에 담긴 공을 모두 계란판 위로 옮길 때까지 최대한 빠르게 반복해요.

📋 아동발달전문가의 조언

이 놀이는 책상과 책상 사이의 공간에서 몸의 방향을 재빨리, 정확하게 전환하여 공을 옮기는 활동입니다. 한 방향이 아닌 양쪽 방향으로 달리기를 하려면 몸의 방향을 빠르게 전환하는 민첩성이 필요합니다. 또한 왕복달리기는 민첩성뿐만 아니라 지구력을 요구합니다.

이 시기 아이들은 안정적으로 달리고 멈출 수 있지만 방향 전환은 어려워할 수 있어요. 만약 아이가 달리다가 멈추기를 어려워하거나 방향을 전환하기 어려워하면 부모와 손을 잡고 같이 달리고 멈추기를 연습해 봅니다. 왕복달리기에 익숙해지면 난도를 높여 아이가 달리는 길에 장애물을 두세요. 놀이를 통해 민첩성이 향상되면 잡기 놀이를 할 때도 술래를 피해서 잘 도망가는 아이를 발견할수 있을 거예요.

감각통합&뇌 발달
책상 사이를 왕복으로 빠르게 달려서(균형감각, 전정감각, 민첩성) 바구니에 있는 공을 계란판으로 모두 옮겨요(움직임조절, 집중력, 성취감).

감각	촉각	청각	전정감각	고유수용성	시각
운동기능	균형감각	운동계획	신체협응	움직임조절	민첩성
인지	집중력	조직화	성취감	자신감	문제해결력

거미줄 건너 공 던지기

준비물 아동용 의자 4개, 마스킹테이프(또는 두꺼운 끈),
볼풀공 5개, 장바구니 1개, 넓은 바구니 1개

QR코드로 활동
동영상을 확인하세요.

사전 준비

☑ 의자는 어른 걸음 1보 간격으로 양쪽에 2개씩 등받이가 마주 보게 놓아요.

☑ 마스킹테이프로 양쪽 의자 사이를 연결하는 거미줄을 칩니다.

☑ 볼풀공을 거미줄 아래 여기저기에 두고 거미줄이 끝나는 곳에 넓은 바구니
를 둡니다.

☑ 아이는 공을 담을 장바구니를 들고 거미줄 앞에 서요.

1. 거미줄을 건드리지 않고 공을 주우면서 건너요. 주운 공은 장바구니에 넣어요.
2. 바구니 앞에 도착하면 장바구니에서 공을 하나씩 꺼내 바구니에 던져 넣어요.

🗐 아동발달전문가의 조언

아이들은 다양한 놀이를 시도하면서 자기 몸의 위치와 움직임의 정도, 그리고 힘의 세기를 경험합니다. 이 놀이는 거미줄의 높이가 다르고 간격도 다르기 때문에 거미줄에 걸리지 않으려면 어느 정도 높이로 다리를 들고 건널지, 어떤 자세로 몸을 숙여 공을 주울지 고민하게 됩니다. 그리고 거미줄을 피해 열심히 모아온 공을 하나씩 바구니로 던져 넣으며 뿌듯함과 성취감을 느끼게 됩니다.

놀이가 익숙해지면 거미줄을 더 추가해도 좋고, 공이 아닌 여러 가지 장난감이나 물건을 거미줄 아래에 놓고 탈것만 모아오기, 과일만 모아오기 등의 놀이로 확장하여 분류개념을 함께 익히는 것도 좋습니다. 또는 제한 시간을 정해서 '1분 안에 상어 구출하기'와 같은 미션을 추가하면 동기부여도 되고 아이의 흥미를 이끌어내 더욱 즐거운 놀이가 됩니다.

감각통합&뇌 발달

높이와 간격이 다른 거미줄에 닿지 않게 건너면서(고유수용성, 균형감각, 움직임조절) 공을 모두 주워서(전정감각, 시각주의력, 위치지각) 바구니 안으로 던져 넣습니다(시운동협응).

감각	촉각	청각	전정감각	고유수용성	시각
운동기능	균형감각	운동계획	신체협응	움직임조절	민첩성
시지각	시각주의력	시각추적	위치지각	시각기억력	시운동협응

이불 유령 놀이

:: **준비물** 이불 1개

QR코드로 활동
동영상을 확인하세요.

사전 준비

☑ 아이가 눈을 가리고 앞으로 걸을 수 있는지 확인해요.

➕ 아이가 눈을 가리고 걷는 것을 무서워하면 부모가 아이의 손을 잡고 조금씩 움직이며 아이가 눈을 가리고 걷는 것에 적응할 시간을 줍니다.

☑ 부모는 아이에게 손뼉 소리를 듣고 소리의 방향을 찾는 법을 알려줍니다.

1. 아이가 이불을 뒤집어쓰고 서면 부모는 2보 떨어진 곳에서 손뼉을 쳐요.

2. 아이는 손뼉 소리에 집중하여 소리가 들리는 방향으로 몸을 움직여요.

➕ 아이에게 언어적 힌트(이쪽이야, 앞으로, 천천히)를 주어도 좋아요.

📝 **아동발달전문가의 조언**

이 놀이는 아이가 이불을 쓰고 앞이 안 보이는 상황에서 부모의 손뼉 소리에 집중하여 움직이는 활동으로, 놀이 과정에서 청각과 고유수용성감각이 뇌를 자극합니다. 주로 시각에만 집중하여 환경을 탐색하던 아이에게 다른 감각을 사용하여 탐색하는 경험은 새로운 자극을 주어서 균형 있는 뇌 발달에 영향을 미칩니다.

너무 무겁고 큰 이불은 아이가 다루기 힘드니 가벼운 이불을 준비하고, 시야가 차단되는 것을 두려워하는 아이라면 비치는 이불을 사용하는 게 좋아요. 취침 시간 직전에 움직임이 많고 신나는 놀이를 하는 것은 수면에 방해가 될 수 있으니 놀이시간이 너무 늦어지지 않도록 합니다.

감각통합&뇌 발달

이불을 쓰고 부모가 치는 손뼉 소리를(청각주의력, 말소리변별) 쫓아서 움직입니다(적응력, 상호작용, 규칙이해).

언어	청각주의력	말소리변별	언어이해	지시따르기	의사소통
인지	집중력	조직화	성취감	자신감	문제해결력
사회성	적응력	상호작용	협동심	규칙이해	사회적기술

숨어 있는 모양 찾기

⠿ 준비물 도형 모양의 물건, 넓은 바구니 1개

⌐⌐ 사전 준비

☑ 아이에게 여러 도형을 보여주며 아이가 도형의 모양과 이름을 알고 있는지
확인해요.

☑ 부모는 도형 모양의 물건을 집 안 곳곳에 숨깁니다.

⚡ 초간단 놀이법

부모가 말한 도형의 이름을 듣고 집 안 구석구석을 돌아다니며 모양이 같은 물건을 찾아서 바구니에 모두 모아요.

✚ 아이가 도형의 이름을 정확히 알지 못하는 경우, 스케치북에 도형을 그려서 모양이 똑같은 도형을 찾게 해도 좋아요.

🗟 아동발달전문가의 조언

이 놀이는 집 안 곳곳에서 부모가 말한 모양의 물건을 찾아오는 활동입니다. 숨겨진 곳에서 원하는 것을 찾아오는 놀이는 늘 호기심과 탐구심을 불러오죠. 또한 같은 모양의 물건을 찾으면서 모양을 인지하고 구별할 수 있는 능력이 길러집니다. 같은 모양의 물건을 찾기 위해서는 찾을 모양을 기억해야 하고 집 안 곳곳을 집중하여 살펴야 합니다. 이러한 과정을 통해 어렵게 물건을 찾으면 큰 성취감을 느끼게 되고, 이 성취감은 더 큰 도전으로 이어질 수 있습니다.

아이가 넓은 공간에서 물건을 찾는 것을 어려워하면 거실이나 안방으로 공간을 제한하는 것도 좋고 위치를 나타내는 말을 이용하여 "소파 아래를 볼까?", "책상 위를 봐."와 같이 언어적 힌트를 주는 것도 좋습니다.

감각통합&뇌 발달
부모가 말한 모양을 듣고(청각주의력, 언어이해) 집 안에서 사물을 탐색하여(시각주의력, 집중력) 모양이 같은 물건을(시각기억력) 찾아 가져 옵니다(성취감).

시지각	시각주의력	시각추적	위치지각	시각기억력	시운동협응
언어	청각주의력	말소리변별	언어이해	지시따르기	의사소통
인지	집중력	조직화	성취감	자신감	문제해결력

1세~2세
뇌 자극·감각통합에 효과적인 4주 홈프로그램

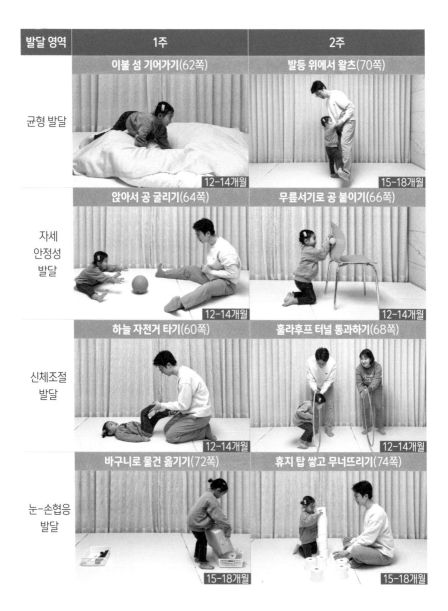

발달 영역	1주	2주
균형 발달	이불 섬 기어가기(62쪽) 12-14개월	발등 위에서 왈츠(70쪽) 15-18개월
자세 안정성 발달	앉아서 공 굴리기(64쪽) 12-14개월	무릎서기로 공 붙이기(66쪽) 12-14개월
신체조절 발달	하늘 자전거 타기(60쪽) 12-14개월	훌라후프 터널 통과하기(68쪽) 12-14개월
눈-손협응 발달	바구니로 물건 옮기기(72쪽) 15-18개월	휴지 탑 쌓고 무너뜨리기(74쪽) 15-18개월

172

감각통합치료사 선생님이 제시하는 4주 홈프로그램입니다.
주차별 놀이를 주5회 하루 20분씩 재미있게 해 보세요.

*활동 사진에 표시한 나이는 활동 권장 나이입니다.

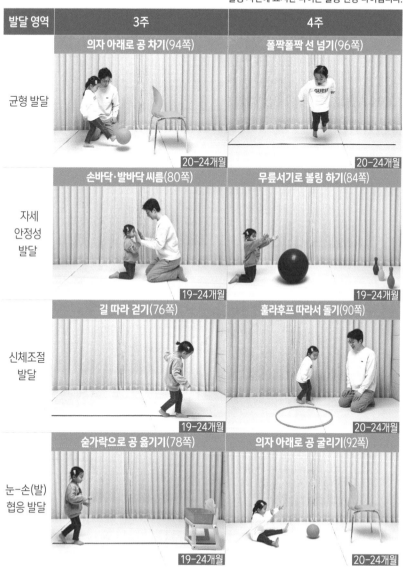

발달 영역	3주	4주
균형 발달	의자 아래로 공 차기(94쪽) 20-24개월	폴짝폴짝 선 넘기(96쪽) 20-24개월
자세 안정성 발달	손바닥·발바닥 씨름(80쪽) 19-24개월	무릎서기로 볼링 하기(84쪽) 19-24개월
신체조절 발달	길 따라 걷기(76쪽) 19-24개월	홀라후프 따라서 돌기(90쪽) 20-24개월
눈-손(발) 협응 발달	숟가락으로 공 옮기기(78쪽) 19-24개월	의자 아래로 공 굴리기(92쪽) 20-24개월

2세~3세
뇌 자극·감각통합에 효과적인 4주 홈프로그램

발달 영역	1주	2주
균형 발달	손수건 밟고 뒤로 걷기 (98쪽) 25-30개월	옆으로 두발점프 하기 (102쪽) 25-30개월
자세 안정성 발달	몸으로 큰 원 그리기(126쪽) 3세	등으로 인형 옮기기 (142쪽) 3세
신체조절 발달	동물 흉내 내기(104쪽) 25-30개월	징검다리 건너기(120쪽) 31-36개월
눈-손협응 발달	날아가는 풍선 잡기(108쪽) 25-30개월	지그재그 길 걷기(122쪽) 31-36개월

감각통합치료사 선생님이 제시하는 4주 홈프로그램입니다.
주차별 놀이를 주5회 하루 20분씩 재미있게 해 보세요.

*활동 사진에 표시한 나이는 활동 권장 나이입니다.

발달 영역	3주	4주
균형 발달	높은 곳에서 점프하기(114쪽) 31-36개월	한 발로 공 세우기(154쪽) 3세
자세 안정성 발달	몸 터널 만들기(146쪽) 3세	종이컵 길 건너기(160쪽) 3세
신체조절 발달	무릎으로 풍선 치기(124쪽) 31-36개월	벌어진 선 따라 움직이기(148쪽) 3세
눈-손협응 발달	쿠션으로 풍선 치기(130쪽) 3세	거미줄 건너 공 던지기(166쪽) 3세

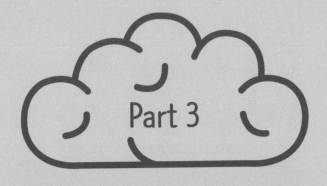

Part 3

4세~6세 두뇌 자극 몸 놀이

학령전기(4세~6세)

학령전기는 촉각, 전정감각, 고유수용성감각, 이 세 가지 감각과 시각이 통합되는 시기입니다.
시각의 통합으로 블록을 쌓거나 그림을 그릴 때 눈−손협응이 가능해지고, 식사 도구를
사용하여 식사하는 등의 목적 있는 활동을 할 수 있게 됩니다. 또한 이 시기는 전정감각과
청각의 통합으로 이야기를 듣고 이해하고 말하는 언어의 발달이 이루어집니다.

만약 이 시기에 중요한 감각이 제대로 통합되지 않으면 아래와 같은 어려움을 보일 수
있습니다. 아이가 혹시 이러한 어려움을 보이는지 확인해 보세요.

☐ 다른 사람의 말에 집중하지 못하고 잘 알아듣지 못하는 것 같아요.
☐ 공을 쫓아가거나 공을 주고받는 놀이를 힘들어해요.
☐ 의자에 앉아있을 때 자세가 어색해 보이고 오래 앉아있는 것을 어려워해요.
☐ 손을 쓰는 활동을 하지 않으려고 해요.
☐ 색연필을 자주 부러뜨리거나 장난감을 망가뜨려요.
☐ 종이에 선을 긋거나 그림 안에 색칠하기를 어려워해요.
☐ 포크, 젓가락, 가위 등의 도구를 사용하는 것을 어려워해요.

탄력밴드 당기며 걷기

⠆⠆ 준비물 탄력밴드 1개

QR코드로 활동
동영상을 확인하세요.

⌐⌐ 사전 준비

☑ 탄력밴드를 바닥에 놓고 두 발로 밟고 서서 양쪽 끝을 두 손으로 잡아요.

⚡ 초간단 놀이법

1. 어깨너비만큼 다리를 벌려서 두 발로 탄력밴드를 밟고 서요.

2. 두 손으로 탄력밴드를 당기면서 한 발씩 앞으로 걸어요. 이때 밴드를 놓치거나 밴드에서 발이 빠지지 않도록 주의합니다.

✚ 아이가 밴드를 두 손으로 당기면서 앞으로 걷는 것을 어려워하면 한쪽 발만 탄력밴드에 걸고 걸어도 좋아요.

🗐 아동발달전문가의 조언

이 놀이는 탄력밴드를 손으로 당기고 발로 밀면서 걷는 활동입니다. 탄력밴드의 저항을 이기면서 팔과 다리의 당기는 힘을 키울 수 있습니다.

근육과 관절을 당기는 움직임은 고유수용성감각을 자극하여 신체의 각 부위를 인식하고 이해하는 데 도움이 됩니다. 가벼운 가방보다 무거운 가방을 맸을 때 어깨와 허리에 힘을 더 주는 것처럼 몸에 힘이 가해질 때 내 몸의 위치나 상태를 알기 쉽지요. 아이가 탄력밴드 늘리기를 어색해 하면 "클레이처럼 쭈욱 늘려 보자."라고 말해주세요. 아이 혼자 밴드를 당기기 어려워하면 다리를 뻗고 앉아서 부모와 함께 당기거나 밴드를 동그랗게 묶어 허리에 걸고 온몸으로 당기는 연습을 해도 좋아요.

놀이에 익숙해지면 난도를 높여 옆이나 뒤로 걸어보세요. 이 외에 몸의 힘을 느껴보고 기르는 놀이로 철봉 매달리기나 정글짐 오르기도 추천합니다.

감각통합&뇌 발달
탄력밴드를 두 손으로 당기고 발로 밀면서(고유수용성) 한 발씩 앞으로 걷습니다(균형감각, 신체협응, 움직임조절).

감각	촉각	청각	전정감각	고유수용성	시각
운동기능	균형감각	운동계획	신체협응	움직임조절	민첩성
정서	정서적안정	놀이경험	감정표현	감정조절	자기조절력

개구리 점프·토끼 점프

준비물 원마커 5개(또는 마스킹테이프)

QR코드로 활동
동영상을 확인하세요.

사전 준비

☑ 원마커를 어른 손바닥 두 뼘 간격으로 줄 맞춰 바닥에 늘어놓아요.

➕ 원마커 대신 마스킹테이프로 표시해도 좋아요.

☑ 아이에게 개구리 점프, 토끼 점프 동작을 알려줍니다. 부모가 시범을 보여주어도 좋아요.

(동작) 개구리 점프는 손바닥으로 바닥을 짚고 쪼그려 앉은 후 위로 점프하기, 토끼 점프는 손으로 토끼 귀를 만들고 쪼그려 앉은 후 위로 점프하기

원마커를 따라 한 번에 한 칸씩 개구리 점프와 토끼 점프로 이동해요.

≡ **아동발달전문가의 조언**

3세 이전 아이들은 주로 제자리에서 위로 점프하는 것만 가능하지만 4세가 되면 제자리에서 앞으로 점프하여 이동이 가능합니다. 개구리 점프와 토끼 점프 동작의 공통점은 온몸을 완전히 굽혔다가 펴는 거예요. 팔과 다리를 동시에 완전히 굽혔다가 펴는 동작은 팔만 굽히거나 다리만 펴는 동작에 비해 어렵습니다. 아이가 이러한 동작을 어려워하면 바닥에 누워 두 다리를 배 쪽으로 당기고 몸을 둥글게 말아 공처럼 만드는 자세나 배를 대고 엎드린 후 팔과 다리를 들면서 펴는 비행기 자세를 연습하는 게 좋습니다.

놀이에 익숙해지면 원마커 사이의 간격을 점점 넓히거나 방향을 다양하게 하여 움직임의 방향과 거리를 조절해 주세요. 이동할 곳을 보고 간격에 맞춰 몸을 굽히고 펴면서 움직임을 조절하는 것은 뇌의 다양한 영역을 골고루 자극하며, 내 몸이 어떻게 움직이고 있는지 알고 기능적인 움직임을 만드는 데 도움이 됩니다.

감각통합&뇌 발달
원마커의 위치를 확인하고(시각, 시각주의력, 위치지각) 몸을 구부렸다 펴는 개구리 점프, 토끼 점프 동작으로 이동합니다(고유수용성, 균형감각, 신체협응).

감각	촉각	청각	전정감각	고유수용성	시각
운동기능	균형감각	운동계획	신체협응	움직임조절	민첩성
시지각	시각주의력	시각추적	위치지각	시각기억력	시운동협응

컵 안에 숨은 공 찾기

⠆⠆ 준비물 탁구공 1개, 종이컵 3개

QR코드로 활동
동영상을 확인하세요.

⌐┐ 사전 준비

☑ 마주 보고 앉은 후 가운데 공간에 종이컵 3개를 좌우로 늘어놓아요.

☑ 눈으로 탁구공이 숨어 있는 컵을 찾는 규칙을 일러줍니다.

⚡ 초간단 놀이법

1. 부모가 컵 3개를 뒤집은 후 그 중 1개에 탁구공을 숨겨요.

2. 부모가 컵을 이리저리 움직이다 멈추면 아이가 공이 들어 있는 컵을 찾아요.

시지각능력은 눈으로 본 정보를 뇌에서 인식, 변별, 해석하는 능력입니다. 책이나 영상을 볼 때가 아니어도 시지각능력은 필요합니다. 예를 들어 보물찾기를 할 때도 어떤 물건을 찾아야 하는지 보고 기억해서 똑같은 사물을 찾아와야 하므로 시지각능력이 요구됩니다.

시지각능력은 눈을 움직여서 보는 것에서부터 시작하는데, 시력에 문제가 없는데도 눈으로 보다가 자주 놓친다면 시각추적의 어려움을 고려해야 합니다.

시각추적은 고개를 움직이지 않고 고정한 채로 눈을 움직여서 사물의 위치나 움직임을 추적하는 기능이에요. 이 놀이를 할 때 움직이는 컵의 속도에 맞춰 양쪽 눈이 매끄럽고 자연스럽게 따라 움직이는지 살펴보세요. 아이가 처음에는 이러한 시지각능력이 필요한 놀이를 잘 따라하지 못할 수도 있습니다. 하지만 이 시기는 시각추적 놀이를 통해 시각과 뇌의 연결성을 높여 시각주의력과 시각추적 기능을 충분히 향상할 수 있으니 크게 걱정하지 않아도 됩니다.

감각통합&뇌 발달

공이 들어 있는 컵을 놓치지 않고 눈으로 추적하여(시각주의력, 시각추적, 집중력) 어떤 컵에 공이 들어 있는지 맞춥니다(규칙이해, 자신감).

시지각	시각주의력	시각추적	위치지각	시각기억력	시운동협응
인지	집중력	조직화	성취감	자신감	문제해결력
사회성	적응력	상호작용	협동심	규칙이해	사회적기술

훌라후프 허들 넘기

⋮ 준비물 훌라후프 2~3개, 키친타월 4~6개

QR코드로 활동
동영상을 확인하세요.

사전 준비

☑ 키친타월을 훌라후프 지름만큼 간격을 벌려서 양쪽에 세우고 그 위에 훌라
후프를 눕혀서 올려놓습니다. 훌라후프를 모두 같은 방법으로 줄지어 놓습니다.

☑ 아이가 한 발을 들고 안정적으로 설 수 있는지 확인합니다.

초간단 놀이법

훌라후프 허들의 높이에 맞게 다리를 들어올려 허들을 차례로 넘어요.

✚아이가 균형을 잡기 어려워하거나 잘 넘지 못하면 키친타월 대신 두루마리 휴지로 높이를 낮춰서 충분히 연습한 후에 다시 시도합니다.

目 아동발달전문가의 조언

이 놀이는 홀라후프 허들의 높이에 맞춰 다리를 들어올려서 연속으로 허들을 넘는 활동입니다. 따라서 허들의 높이와 거리를 파악하고 허들에 닿지 않을 정도로 다리를 들어 움직임을 조절해야 합니다. 처음에는 다리가 허들에 걸릴 수 있지만 반복해서 허들을 넘다보면 신체가 허들(환경)에 맞게 준비되어 적절한 움직임을 만들 수 있습니다. 똑같은 움직임을 반복해서 고유수용성감각을 자극하면 어느 정도의 높이로 다리를 들어야 하는지 무의식적으로 조절하게 되고, 이를 통해 허들에 걸리지 않고 적절하게 움직일 수 있습니다.

홀라후프가 없으면 책을 여러 권 쌓아서 넘어보는 것도 좋고, 계단을 오르는 것도 좋습니다. 움직임이 익숙해지면 난도를 높여 손을 머리에 올리고 허들을 넘게 해 보세요. 배턴을 준비한 후 허들을 넘으면서 상대에게 배턴을 전달하는 놀이로 확장하면 여럿이 함께 즐거운 시간을 보낼 수 있습니다.

감각통합&뇌 발달
홀라후프의 높이를 확인하고(시각) 높이만큼 다리를 올려(고유수용성, 움직임조절) 허들에 다리가 걸리지 않게 넘습니다(균형감각, 시운동협응).

감각	촉각	청각	전정감각	고유수용성	시각
운동기능	균형감각	운동계획	신체협응	움직임조절	민첩성
시지각	시각주의력	시각추적	위치지각	시각기억력	시운동협응

감각 · 운동기능 · 시지각 · 언어 · 인지 · 정서 · 사회성

원 안에 콩주머니 던지기

●●● **준비물** 콩주머니 5개, 마스킹테이프(또는 크기가 다른 바구니)

사전 준비

☑ 마스킹테이프로 다양한 크기(소, 중, 대)의 원을 만들어요. 아이 기준으로 가까운 곳에 작은 원을, 먼 곳에 큰 원을 만듭니다. 마스킹테이프가 없으면 다양한 크기(소, 중, 대)의 바구니를 사용해도 됩니다.

☑ 팔을 어깨 위로 들었다 앞으로 뻗어서 콩주머니를 던질 수 있는지 확인해요.

➕ 콩주머니를 던지는 자세를 잡아주거나 던지는 힘을 잘 조절하도록 언어적 힌트(가까운 원은 '살살', 멀리 있는 원은 '세게')를 주어도 좋아요.

선 자세로 각각의 원에 콩주머니를 던져 넣어요. 가까운 원부터 먼 원의 순서대로 던지는 것이 좋아요.

☰ 아동발달전문가의 조언

좁은 틈을 지나갈 때 부딪히지 않고 잘 빠져나가는 아이도 있지만 옆에 있는 물건을 건드리며 우당탕탕 빠져나가는 아이도 있어요. 이는 아이가 조심성이 없어서라기보다는 공간과 거리에 대한 인식이 부족해서 보이는 행동일 수 있습니다. 즉 내 몸을 기준으로 사물이 어느 정도 떨어져 있고 어느 정도 힘을 주었을 때 어떻게 되는지 결과를 예측할 수 있어야 움직임을 세밀하게 조절할 수 있습니다. 이 놀이는 콩주머니를 크기와 거리가 다른 원 안에 던져 넣는 활동입니다. 놀이를 통해 크기와 거리에 따라 몸통, 팔, 손목, 손가락을 세밀하게 조절하는 경험을 하게 됩니다. 또한 목표하는 원 안에 콩주머니를 던져 넣으려면 눈과 손의 협응도 필요합니다. 이렇게 목표물을 정해놓고 그 방향으로 던지거나 굴리는 놀이를 '타깃 놀이'라고 하는데 타깃 놀이는 집중력을 기르는 데 도움이 됩니다.

감각통합&뇌 발달
서 있는 곳에서 원까지의 거리(위치지각)와 원의 크기를 고려하고 팔의 움직임과 힘을 조절하여(집중력, 움직임조절) 콩주머니를 던집니다(시운동협응, 성취감).

운동기능	균형감각	운동계획	신체협응	움직임조절	민첩성
시지각	시각주의력	시각추적	위치지각	시각기억력	시운동협응
인지	집중력	조직화	성취감	자신감	문제해결력

머리 위로 공 던지기

⁖ **준비물** 탱탱볼 1개, 넓고 깊은 바구니 1개

QR코드로 활동
동영상을 확인하세요.

⌐⌐ 사전 준비

☑ 아이와 부모는 어른 걸음으로 2보 거리를 두고 마주 보고 서요.

☑ 바구니를 아이 머리 높이 정도로 들고 섭니다.

☑ 아이가 두 팔을 높게 들어서 공을 앞으로 던질 수 있는지 확인해요.

⚡ 초간단 놀이법

두 손으로 공을 잡고 머리 위로 들어올린 다음 바구니 안으로 힘껏 던져 넣어요.

4세가 되면 어깨와 팔에 힘이 생기면서 머리 위로 높게 팔을 들어 공을 던질 수 있어요. 어린아이가 공을 던질 때 처음에는 어깨높이보다 낮게 팔만 사용하여 던지다가 점차 몸통, 어깨, 팔을 동시에 사용하여 힘껏 던질 수 있게 신체 발달이 이루어지는 것이지요.

이 놀이는 아이 머리 높이에 있는 바구니에 공을 던져서 넣는 활동입니다. 바구니 높이와 거리에 따라 힘을 조절하여 부모가 들고 있는 바구니 쪽으로 공을 던지는 신체조질 능력이 필요합니다. 부모는 아이가 공을 던질 때 농구 골대에 공을 던지는 것처럼 머리 위쪽으로 팔을 쭉 뻗으라고 알려주세요. 아이가 서서 두 손으로 공을 잡고 힘껏 던지려고 하다보면 무게중심이 뒤로 넘어가 균형을 잃을 수도 있어요. 이럴 때는 한쪽 다리를 살짝 앞에 놓으라고 알려주세요. 또한 부모가 바구니로 공을 받을 준비가 되었는지 확인하고 던지도록 적절한 타이밍을 알려줍니다. 놀이가 익숙해지면 야구공을 던지듯 한 손으로 던지는 연습도 해 보세요. 응용 놀이로 부모와 캐치볼을 하는 것처럼 공을 주고받는 활동도 좋습니다.

감각통합&뇌 발달

바구니의 거리와 높이를 고려하고(위치지각) 어깨, 팔꿈치, 손목의 움직임을 조절하여(고유수용성, 움직임조절) 머리 위로 힘껏 공을 던집니다(시운동협응).

감각	촉각	청각	전정감각	고유수용성	시각
운동기능	균형감각	운동계획	신체협응	움직임조절	민첩성
시지각	시각주의력	시각추적	위치지각	시각기억력	시운동협응

감각　운동기능　시지각　언어　인지　정서　사회성

바구니로 공 받기

:: **준비물** 볼풀공 5개, 깊은 바구니 1개

QR코드로 활동
동영상을 확인하세요.

사전 준비

☑ 바구니를 들고 어른 걸음으로 2보 거리를 두고 마주 보고 서요.

초간단 놀이법

바구니를 들고 팔을 앞으로 뻗어서 부모가 던져주는 공을 받아요. 이때 몸 전체
를 움직이지 않고 되도록 팔만 움직여서 공을 받으라고 일러주세요.

✚ 바구니가 기울어져 공이 떨어지지 않도록 균형을 잘 잡는지 살펴주세요.

던져주는 공을 보고 팔을 뻗어 바구니로 받는 활동은 어른에게는 간단해 보이지만 4세 아이들에게는 쉽지 않은 활동입니다. 바구니를 잡은 양손에 똑같이 힘을 주어야 바구니가 한쪽으로 기울어지지 않게 들고 있을 수 있고, 공이 가까이 왔다는 것을 빨리 판단해야 하며, 민첩하게 팔꿈치를 펴서 움직여야 바구니로 공을 받을 수 있지요.

바구니로 공을 처음 받아보는 아이는 날아오는 공을 받으려고 바구니를 들고 몸통을 굽히거나 앞으로 움직일 수도 있습니다. 그럴 때는 몸이 앞으로 쏠려 넘어질 수도 있으니 아이에게 "몸통은 움직이지 않고 팔꿈치만 굽혔다 펴는 거야."라고 일러주세요. 그리고 아이가 바구니로 공을 받을 수는 있는데 공이 바구니 안에 들어왔다가 튕겨서 나가면 "바구니로 공을 받을 때는 무릎을 살짝 굽히는 게 좋아."와 같이 구체적인 조언을 해주면 좋습니다.

부모도 바구니를 들고 아이와 바구니로 공 주고받기를 해도 좋아요. 바구니를 튕겨서 공을 보내고 바구니로 공을 받는 활동을 통해 새로운 놀이를 경험할 수 있습니다.

감각통합&뇌 발달

날아오는 공을 보고(시각추적) 공이 내 몸에 가까이 왔을 때(위치지각) 빠르게 팔꿈치를 펴서(움직임조절, 민첩성) 공을 바구니로 받습니다(시운동협응).

운동기능	균형감각	운동계획	신체협응	움직임조절	민첩성
시지각	시각주의력	시각추적	위치지각	시각기억력	시운동협응
정서	정서적안정	놀이경험	감정표현	감정조절	자기조절력

색종이 터널로 공 굴리기

⦂ 준비물 터널을 만들 색종이 7장(다른 색), 탁구공 5개,
셀로판테이프

⌐ 사전 준비

☑ 색종이로 탁구공이 들어갈 높이의 터널을 만들어 바닥에 붙여요.

☑ 아이는 가장 가까운 색종이 터널에서 어른 걸음 1보 정도 떨어져서 앉아요.

☑ 자세를 낮춰서 탁구공을 바닥에 굴리는 연습을 합니다.

⚡ 초간단 놀이법

자세를 낮추고 색종이 터널을 통과할 수 있도록 탁구공을 굴려요. 가까운 거리부터 시작하여 먼 거리의 터널까지 하나씩 탁구공을 굴려 통과시킵니다.

✚ 공을 굴릴 때 바닥에 통통통 튕기지 않도록 천천히 굴리게 합니다.

🗐 아동발달전문가의 조언

눈과 움직임은 '실과 바늘'의 관계처럼 매우 밀접합니다. 눈으로 보지 않고는 정확한 움직임을 만들어내기 어렵죠. 예를 들어 바닥에 떨어진 물건을 줍기 위해서는 물건의 위치를 확인하고 물건을 잡아야 해요. 하지만 눈으로 떨어진 물건을 확인해도 허리를 적당히 숙이지 못하면 물건을 잡을 수 없고, 반대로 물건을 보지도 않고 허리만 숙이면 아무 소용이 없죠.

이 놀이는 바닥에 엎드린 자세로 색종이 터널까지의 거리를 파악하고 터널 안으로 공을 굴려야 합니다. 이때 아이가 자세를 낮추지 못하면 공을 굴리기 어려울 뿐만 아니라 공을 굴릴 힘을 주기 힘듭니다. 그리고 터널이 좁고 낮기 때문에 집중하여 탁구공을 굴리지 않으면 터널 안으로 통과시킬 수 없지요. 그만큼 놀이를 통해 세밀한 움직임을 조절할 수 있습니다. 놀이에 익숙해지면 부모와 아이가 터널 하나를 사이에 두고 탁구공을 굴려서 주고받아도 좋습니다.

감각통합&뇌 발달

아이가 있는 곳에서 터널까지의 거리와 터널의 높이를 파악한 후에(시각주의력, 위치지각) 공을 굴리기 위해 적절한 자세를 잡고 힘을 조절하여(움직임조절, 신체협응, 집중력) 터널 안으로 공을 굴립니다(성취감).

운동기능	균형감각	운동계획	신체협응	움직임조절	민첩성
시지각	시각주의력	시각추적	위치지각	시각기억력	시운동협응
인지	집중력	조직화	성취감	자신감	문제해결력

감각　운동기능　시지각　언어　인지　정서　사회성

컵으로 공 잡기

∴ **준비물** 탁구공 4개, 플라스틱 컵 1개, 넓은 바구니 2개

QR코드로 활동
동영상을 확인하세요.

⌐⌐ 사전 준비

☑ 아이와 부모는 어른 걸음으로 2보 정도의 거리를 두고 마주 보고 앉아요. 빈
바구니는 아이의 오른손(우세손) 쪽에 둡니다.

☑ 공을 잡을 때 손을 사용하지 않고 컵을 사용하는 규칙을 일러줍니다.

⚡ 초간단 놀이법

1. 부모가 아이를 향해 탁구공을 굴리면 컵으로 공을 덮어 잡습니다.

2. 잡은 공은 옆에 있는 바구니에 모두 모아요.

✚ 탁구공을 잡기 어려워하면 탁구공보다 큰 공으로 연습해요.

三 아동발달전문가의 조언

이 무렵 아이들은 몸을 직접 사용하여 여러 가지 감각 자극의 차이를 느끼고 구분하여 감각능력을 기릅니다. 자신의 신체 부위에 관심을 가지며 움직임에 즐거움을 느끼는 과정을 지나 도구를 가지고 움직임을 만들기 시작하지요. 그러면서 소근육이 발달하고 상황과 놀이에 알맞게 물건을 다루는 방법을 경험합니다. 이 놀이는 굴러오는 공을 컵으로 잡는 활동으로 놀이를 하며 굴러오는 공과의 거리와 공의 빠르기에 대한 감각을 익히고 도구를 활용하여 조절하는 능력을 기를 수 있습니다. 아직 도구 사용이 익숙하지 않은 아이는 도구 없이 손을 내밀어서 공을 잡으려고 할 수도 있습니다. 이런 경우 부모는 "컵 안에 공을 숨기는 거야"라고 말해주고 컵을 사용하여 공을 잡을 수 있게 해주세요. 또한 아이가 컵으로 공을 잡기 어려워하거나 공을 여러 번 놓치면 공을 굴려주는 속도를 조금 느리게 조절하여 자신감을 갖게 해주세요.

감각통합&뇌 발달
공을 컵으로 잡는 규칙을 이해하고(규칙이해) 부모가 굴려주는 공을 보고(시각추적) 공이 가까이 왔을 때 컵으로 잡아(위치지각, 시운동협응) 바구니에 모두 모아봅니다(성취감).

시지각	시각주의력	시각추적	위치지각	시각기억력	시운동협응
인지	집중력	조직화	성취감	자신감	문제해결력
사회성	적응력	상호작용	협동심	규칙이해	사회적기술

풍선 위로 치며 앞으로 걷기

∴ 준비물 풍선 1개, 마스킹테이프

QR코드로 활동
동영상을 확인하세요.

사전 준비

☑ 마스킹테이프를 바닥에 붙여 길을 만들어요.

☑ 제자리에서 손으로 풍선을 살살 쳐서 위로 올리는 연습을 해 봅니다.

초간단 놀이법

풍선이 떨어지지 않게 계속 위로 쳐서 올리면서 길을 따라 앞으로 걸어갑니다.

아동발달전문가의 조언

이 놀이는 풍선이 떨어지지 않게 손으로 쳐 올리면서 길을 따라 걷는 활동입니다. 길을 따라 걸으면서 풍선을 위로 치려면 공중에 있는 풍선과 바닥에 있는 길을 교대로 볼 수 있어야 합니다. 이것이 가능하려면 머리가 위아래로 움직일 때 눈도 머리의 움직임에 따라 위아래로 안정적으로 움직여야 하지요. 그렇지 않으면 풍선을 놓치거나 길에서 벗어나게 됩니다. 또한 머리는 위를 향하고 있는데 눈이 위쪽으로 따라오지 못하거나 시간차를 두고 위를 보게 되면 어지러울 수 있습니다.

이 놀이를 할 때 머리의 움직임은 전정감각을 자극하며 동시에 눈이 움직이면서 보는 힘이 발달합니다. 이처럼 평소 아이의 움직임과 균형에 관여하는 전정감각을 자극하는 놀이를 하면 아이의 시지각이 좋아질 수 있습니다.

아이가 풍선을 위로 치면서 앞으로 이동하기 어려워하면 풍선을 위로 올리고 받은 다음에 다시 앞으로 이동하는 연습을 먼저 해 보세요. 난도를 올려 곡선이나 지그재그처럼 복잡한 모양의 길을 만들어서 풍선을 치면서 이동하는 활동도 좋습니다.

 감각통합&뇌 발달
풍선을 위로 치는 동시에(시운동협응), 풍선과 길을 교대로 확인하면서 (전정감각, 시각, 시각추적) 앞으로 걷습니다(신체협응).

감각	촉각	청각	전정감각	고유수용성	시각
운동기능	균형감각	운동계획	신체협응	움직임조절	민첩성
시지각	시각주의력	시각추적	위치지각	시각기억력	시운동협응

색깔 바구니에 공 던지기

⋮ 준비물 색종이를 붙인 색깔 바구니(빨강, 파랑, 노랑, 초록) 4개,
볼풀공(빨강, 파랑, 노랑, 초록) 각각 3개 이상,
넓은 바구니 1개, 마스킹테이프

⌈⌉ 사전 준비

☑ 마스킹테이프로 아이가 서 있을 곳을 표시해요.

☑ 색깔 바구니는 아이가 서 있는 곳에서 어른 걸음으로 3보 거리에 두고 아이

의 오른손(우세손) 쪽에 볼풀공이 담긴 넓은 바구니를 둡니다.

☑ 아이가 공을 앞으로 멀리 던질 수 있는지 확인해요.

바구니에서 공을 꺼내 색을 확인한 후 같은 색깔 바구니에 공을 던져 넣어요.

🗨 아동발달전문가의 조언

이 놀이는 공의 색깔과 똑같은 바구니를 찾아 공을 던지는 활동입니다. 이 놀이를 할 때 가장 중요한 것은 시각-운동협응력입니다. '시각-운동협응'이란 눈으로 사물을 보고 몸을 움직이는 것으로 시각-운동협응이 잘 되지 않으면 같은 색깔 바구니로 공을 던지기 어렵습니다. 또한 같은 색깔의 바구니를 찾아도 바구니까지의 거리를 인식하지 못하면 바구니 안으로 공을 넣기 어렵습니다.

한 번에 성공하기 어려운 활동이니 공을 반복해서 던지며 거리와 간격에 따라 움직임을 조절하도록 해주세요. 여러 번의 운동경험은 공을 던지는 힘과 세기, 팔의 움직임 조절을 돕고 조화로운 대근육 움직임의 기반이 됩니다. 이 놀이 외에도 막대로 풍선 치기, 부모가 보여주는 동작 따라 하기, 장애물 넘기 등을 해보세요. 아이들이 움직이면서 경험하고 학습한 시각-운동협응력은 이후에 선 따라 긋기, 점선 따라 도형 그리기 등과 같은 활동을 할 때도 도움이 됩니다.

감각통합&뇌 발달

공의 색깔과 똑같은 색깔의 바구니를 찾고(시각주의력, 집중력) 바구니까지의 거리와 간격을 고려하여(위치지각, 움직임조절) 공을 던집니다(시운동협응).

운동기능	균형감각	운동계획	신체협응	움직임조절	민첩성
시지각	시각주의력	시각추적	위치지각	시각기억력	시운동협응
인지	집중력	조직화	성취감	자신감	문제해결력

고리 던지기

:•: **준비물** 키친타월심(또는 일회용 플라스틱 컵) 1개,
고리(또는 가운데를 오려 낸 종이접시) 6개, 셀로판테이프

QR코드로 활동
동영상을 확인하세요.

⌐⌐ **사전 준비**

☑ 셀로판테이프로 키친타월심을 바닥에 고정해 세워요.

☑ 아이는 고리를 가지고 키친타월심에서 어른 걸음으로 1보 거리를 두고 서요.

✚ 고리가 없다면 종이접시 가운데를 오려 내어 사용해도 됩니다.

☑ 팔꿈치와 손목을 굽혔다 펴서 앞으로 고리를 던질 수 있는지 확인해요.

키친타월심(고리대)을 향해서 고리를 던져 끼워요.

➕ 거리가 멀어서 어려워하면 간격을 좁혀 가까운 거리에서부터 연습해요.

💬 **아동발달전문가의 조언**

4세 정도가 되면 몸의 각 부분을 협응하여 움직임을 조절하게 됩니다. 협응하여 움직임을 조절한다는 것은 몸을 움직일 때 힘의 세기, 움직임의 속도를 고려할 수 있다는 뜻입니다. 예를 들어 앞으로 빨리 달리다가도 필요한 곳에서 적절히 멈출 수 있다면 움직임을 잘 조절하는 겁니다. 반대로 달리다가 멈춰야 하는 곳에서 멈추기 어렵다면 움직임의 속도를 조절하기 어려운 거지요.

이 놀이는 아이가 키친타월심까지의 거리를 고려하여 고리를 던지는 힘의 세기를 조절해야 합니다. 고리를 너무 세게 던지면 키친타월심을 지나치고 너무 약하게 던지면 키친타월심까지 도달하지 못하죠. 이렇게 움직임을 조절하는 능력은 힘을 세게 주었다가 약하게 주는 놀이, 뛰다가 멈추거나 빠르게 달리다가 천천히 달리는 연습 등을 통해 향상할 수 있습니다.

감각통합&뇌 발달

서 있는 위치에서 키친타월심까지의 거리를 확인하고(시각주의력, 위치지각) 키친타월심에 고리가 걸릴 수 있게 던지는 힘의 세기와 팔의 움직임을 조절하여 고리를 던집니다(움직임조절, 시운동협응).

운동기능	균형감각	운동계획	신체협응	움직임조절	민첩성
시지각	시각주의력	시각추적	위치지각	시각기억력	시운동협응
인지	집중력	조직화	성취감	자신감	문제해결력

발등으로 콩주머니 옮기기

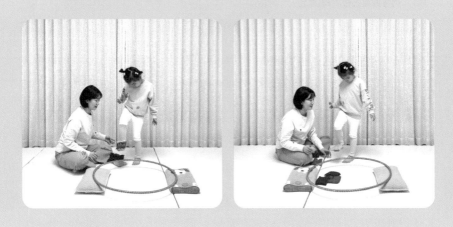

준비물 훌라후프 1개, 작은 쿠션(또는 낮은 베개) 2개, 콩주머니 6개

QR코드로 활동 동영상을 확인하세요.

⬚ **사전 준비**

☑ 높이가 같은 두 개의 쿠션 위에 훌라후프를 올려놓아요.

☑ 아이는 훌라후프 앞에 서고 부모는 콩주머니를 가지고 아이의 옆에 앉아요.

☑ 부모가 아이의 발등에 콩주머니를 올려주면 떨어뜨리지 않고 제자리에서 발을 위로 들었다 내리는 연습을 해요.

한 발로 균형을 잡고 선 후 부모가 아이의 한쪽 발등에 콩주머니를 올려주면 발등으로 밀어서 콩주머니를 훌라후프 안에 넣어요.

🗦 아동발달전문가의 조언

4세 아이들은 한 발로 서는 것이 불안정하지만 아무것도 붙잡지 않고 한 발로 서서 쓰러질 듯 말 듯한 느낌을 즐기기도 합니다. 이때 하기 좋은 놀이가 바로 발등으로 콩주머니 옮기기입니다. 이 놀이는 균형능력뿐만 아니라 발목의 힘을 기르고 움직임을 조절하는 데 도움이 됩니다.

발등 위에 올린 콩주머니를 떨어뜨리지 않으려면 발목을 살짝 위로 올린 자세를 유지하면서 다리를 높게 올릴 수 있어야 하고 한 발로 균형도 잡아야 합니다. 이렇게 동시에 여러 움직임이 필요한 놀이를 할 때 아이들은 자신의 몸에 최대한 집중하게 되어 고유수용성감각이 강하게 자극됩니다. 고유수용성감각의 자극은 안정적인 자세와 기능적인 움직임을 만드는 데 효과적입니다. 응용 놀이로 발등 위에 올린 콩주머니를 멀리 보내는 놀이도 재미있습니다.

감각통합&뇌 발달
한 발로 균형을 잡고 서서(균형감각) 발등 위에 올린 콩주머니가 떨어지지 않게 다리와 발목의 움직임을 조절하여(고유수용성, 움직임조절) 훌라후프 안에 넣습니다(시각주의력, 시운동협응).

감각	촉각	청각	전정감각	고유수용성	시각
운동기능	균형감각	운동계획	신체협응	움직임조절	민첩성
시지각	시각주의력	시각추적	위치지각	시각기억력	시운동협응

푸시업 자세로 한 손 들기

⠶ 준비물 긴 막대(또는 신문지 막대) 1개

QR코드로 활동
동영상을 확인하세요.

⌐⌐ 사전 준비

☑ 아이는 푸시업 자세로 엎드리고 부모는 긴 막대를 들고 마주 보고 앉아요.

☑ 푸시업 자세를 안정적으로 10초간 유지할 수 있는지 확인해요.

✚ 푸시업 자세를 유지하기 어려우면 바닥에 무릎을 대고 해도 됩니다.

⚡ 초간단 놀이법

부모가 아이의 손 사이에 둔 막대를 좌우로 움직이면 아이는 푸시업 자세에서 막대를 피해 한 손씩 들었다 내려놓아요.

✚ 팔을 들 타이밍을 잡기 어려워하면 언어적 힌트(지금이야)를 주세요.

 아동발달전문가의 조언

푸시업(팔굽혀펴기) 자세는 바닥에 두 손바닥과 두 발만 대고 몸 전체를 지탱하는 자세입니다. 이 놀이는 아이가 푸시업 자세를 만든 후에 움직이는 막대를 피하기 위해 한 손을 들고 몸의 균형을 유지해야 합니다. 근력과 지구력이 요구되므로 아이에게 힘든 활동일 수 있어요. 그러니 놀이를 할 때 아이가 팔을 어깨너비로 넓게 벌리게 하고 손을 가슴 아래쪽에 놓게 하여 손과 발의 관절에 무리가 가지 않도록 해야 합니다. 이때 아이의 머리가 바닥을 향하지 않고 정면을 보게 하는 것도 중요합니다.

특히 이 놀이는 평소 동작을 빠르고 정확하게 따라 하는 것을 어려워하고 힘을 줄 타이밍을 놓쳐서 굼뜬 행동을 보이는, 신체협응이 부족한 아이들에게 도움이 됩니다. 철봉이나 몽키바에 매달리는 놀이 역시 근력과 함께 신체협응력을 기르는 데 좋은 놀이입니다.

 감각통합&뇌 발달
푸시업 자세를 유지하면서(전정감각, 고유수용성, 균형감각) 막대가 가까이 왔을 때(시각추적, 위치지각) 막대를 피해 한 손을 들었다 내립니다(신체협응, 시운동협응).

감각	촉각	청각	전정감각	고유수용성	시각
운동기능	균형감각	운동계획	신체협응	움직임조절	민첩성
시지각	시각주의력	시각추적	위치지각	시각기억력	시운동협응

손수레 걷기

●●● **준비물** 놀이매트
●●

⌐¬ **사전 준비**
└ ┘

☑ 아이는 푸시업 자세로 엎드리고 부모는 아이의 허벅지를 위로 들어 손수레

걷기 자세를 안정적으로 10초간 유지할 수 있는지 확인해요.

✚ 아이 허벅지를 너무 높게 들면 팔에 체중이 쏠리니 주의하세요.

⚡ **초간단 놀이법**

손수레 걷기 자세로 한 손씩 교대로 뻗으며 앞으로 천천히 이동해요.

✚ 앞으로 이동할 때 아이의 자세를 확인하면서 이동 속도를 조절하세요.

✚ 팔꿈치가 굽혀지거나 배를 안정적으로 들지 못하면 아이의 골반이나 배를 전체적으로 잡아 보조해 줍니다.

🗐 아동발달전문가의 조언

에너지가 넘쳐 걷거나 뛰다가 여기저기 잘 부딪치는 아이도 있고, 반대로 바르게 서 있지 못하고 벽에 기대 있거나 항상 피곤해하는 아이도 있습니다. 모두 고유수용성감각이 통합되지 않았을 때 보이는 모습입니다. 이런 아이들은 근육을 최대한 많이 쓰고 힘든 활동(heavy work)을 경험하는 것이 좋습니다. 손수레 걷기는 근육과 관절이 큰 저항을 이기면서 움직이는 놀이여서 고유수용성감각 통합에 효과가 좋고, 여러 신경을 조직화하고 안정화하여 '안정적인 각성수준'을 만들어줍니다. 안정적인 각성수준이란 너무 낮지도, 지나치게 높지도 않은 각성수준으로 자극을 가장 편안하게 받아들일 수 있고 정보를 효율적으로 다룰 수 있는 뇌의 상태입니다. 이 외에도 의자 옮기기, 어린이용 카트 밀기, 트램폴린 뛰기, 무거운 가방을 메고 산책하기 등도 고유수용성감각 통합에 효과적입니다.

감각통합&뇌 발달

어깨, 팔꿈치, 손목과 몸통의 자세를 안정적으로 유지하면서(전정감각, 고유수용성) 한 손씩 앞으로 뻗어서 손수레 걷기를 해 봅니다(균형감각, 신체협응).

감각	촉각	청각	전정감각	고유수용성	시각
운동기능	균형감각	운동계획	신체협응	움직임조절	민첩성
정서	정서적안정	놀이경험	감정표현	감정조절	자기조절력

감각 · 운동기능 · 시지각 · 언어 · 인지 · 정서 · 사회성

앞으로 콩콩콩 뛰기

QR코드로 활동
동영상을 확인하세요.

⠐⠐ 준비물 손잡이가 있는 튼튼한 마트 장바구니 1개, 놀이매트

⌐¬ 사전 준비

☑ 아이가 상체를 숙여 몸을 굽혔다 펴며 위로 점프할 수 있는지 확인해요.

✚ 부모의 손을 잡고 위로 점프하는 연습을 먼저 해도 좋아요.

⚡ 초간단 놀이법

1. 장바구니 안에 들어가 두 손으로 손잡이를 잡고 두 발을 모아 앞으로 뛰어요.

2. 움직임이 익숙해지면 왼쪽, 오른쪽으로 몸통을 돌리면서 뛰어봅니다.

✚ 장바구니 손잡이를 꼭 잡고, 발이 꼬여 넘어지지 않도록 살펴주세요.

🗏 아동발달전문가의 조언

5세 정도가 되면 아이들에게는 움직이고 싶은 욕구가 폭발적으로 증가합니다. 호기심 또한 커지므로 이 시기 아이들에게는 집중하여 움직일 수 있는 환경을 제공하는 것이 바람직합니다. 다양한 대근육 활동 기회를 주어 주체하지 못하는 움직임에 대한 욕구와 왕성한 호기심을 채우고 충족시켜 주는 거죠.

이 놀이는 장바구니 안에 들어가서 손잡이를 잡고 두 발로 뛰어 이동하는 활동입니다. 장바구니 안에 서서 두 발을 모아 앞으로 이동하려면 두 손으로 장바구니를 잡고 무릎을 굽혔다 펴면서 점프해야 합니다. 좁은 장바구니 공간 안에서 몸을 움직이면서 공간을 지각하게 되고 이를 통해 깊이, 높이, 거리도 알게 됩니다. 장바구니 안에서 무릎을 굽혔다 펴는 것을 어려워하면 장바구니 없이 부모가 아이와 마주 보고 서서 두 손을 잡은 후 앞으로 콩콩 뛰어 이동하는 연습을 해 보세요. 활동에 익숙해지면 난도를 높여 길을 따라(지그재그, 곡선) 이동해도 좋아요.

감각통합&뇌 발달

장바구니 손잡이를 두 손으로 힘 있게 잡고(촉각) 앞으로 상체를 숙여 몸을 굽혔다 펴면서 점프하여(전정감각, 고유수용성, 움직임조절) 앞으로 콩콩콩 이동합니다(균형감각, 신체협응).

감각	촉각	청각	전정감각	고유수용성	시각
운동기능	균형감각	운동계획	신체협응	움직임조절	민첩성
정서	정서적안정	놀이경험	감정표현	감정조절	자기조절력

횃불 들고 후프 통과하기

준비물 휴지심 1개, 볼풀공 1개, 훌라후프 2개,
아동용 의자(훌라후프 고정용) 2개, 셀로판테이프(또는 끈)

QR코드로 활동
동영상을 확인하세요.

사전 준비

☑ 의자 2개 사이에 훌라후프 2개를 세우고 테이프나 끈으로 고정해요.

☑ 휴지심 위에 볼풀공을 올려 횃불을 만들어요.

초간단 놀이법

한 손으로 휴지심 횃불을 들고 몸을 숙여서 훌라후프의 안과 밖을 번갈아 지그

재그로 통과해요.

✚ 횃불에 올린 볼풀공이 떨어지지 않게 움직이도록 일러줍니다.

대·소근육이 발달하고 균형감각과 같은 기초적인 운동능력이 발달하면 두 가지 이상의 움직임을 조합하여 성숙하고 세련된 운동기술을 쓸 수 있게 됩니다. 예를 들어 달리면서 공 던지기, 또는 점프하면서 풍선 치기와 같은 활동이 가능해지지요. 이 놀이는 휴지심 위에 올린 볼풀공이 떨어지지 않도록 주의하면서 머리와 허리를 굽힌 자세로 훌라후프 안을 통과하는 활동입니다. 이렇게 두 가지 움직임을 동시에 수행하려면 움직임에 더 집중해야 하고 몸을 효율적으로 움직일 수 있어야 합니다. 그리고 이러한 효율적인 움직임은 운동기술로 이어져 6세 이후 스포츠 활동의 기반이 됩니다.

휴지심 위에 올린 공을 떨어트리지 않으려면 손목을 중립으로 유지해야 하는데 이와 같은 손목의 안정적인 자세는 아이들이 세밀하게 손가락을 움직이거나 힘 조절이 필요한 소근육 과제를 할 때 꼭 필요한 기능입니다. 놀이에 익숙해지면 난도를 높여 양손에 각각 횃불 하나씩을 들고 훌라후프를 통과해 봅니다.

감각통합&뇌 발달
볼풀공이 떨어지지 않도록 휴지심 횃불을 들고 있는 팔의 자세를 유지하고 허리를 굽혀(고유수용성, 움직임조절) 훌라후프의 안과 밖을 통과합니다(운동계획, 집중력).

감각	촉각	청각	전정감각	고유수용성	시각
운동기능	균형감각	운동계획	신체협응	움직임조절	민첩성
인지	집중력	조직화	성취감	자신감	문제해결력

두 발로 장애물 뛰어넘기

⋮ 준비물 키친타월심 6개, 셀로판테이프

⌐⌐ 사전 준비

☑ 키친타월심을 2개씩 연결해서 길게 만든 후 바닥에 다양한 방향으로 늘어

놓아요.

☑ 키친타월심 사이의 간격은 어른 손바닥 두 뼘 정도면 적당해요.

⚡ 초간단 놀이법

1. 키친타월심의 방향에 맞게 몸통을 돌려 선 후 두 발을 모아 뛰어넘어요.

2. 다음 키친타월심의 방향에 따라 자세를 바꾸고 두 발로 뛰어넘어요.

 아동발달전문가의 조언

운동민첩성은 자세나 움직임을 재빠르게 바꾸는 능력으로 움직임의 방향을 전환할 때 중요한 요소입니다. 이 놀이는 키친타월심의 방향에 따라 몸통을 돌리면서 두 발로 점프를 하는 활동입니다. 다양한 방향으로 놓인 키친타월심을 따라 움직임의 방향을 전환하면서 이동해야 하므로 민첩성과 함께 자신의 몸을 효율적으로 조절하고 통제하는 능력이 필요합니다. 움직임의 방향이 바뀌면 움직임이 일어나는 공간과 그 공간에서 눈에 보이는 환경이 달라집니다. 계속 앞으로만 점프한다면 앞에 보이는 환경이 전부겠지만 키친타월심의 방향에 따라 몸통을 돌리며 점프하다 보면 아이의 눈에 들어오는 환경이 넓어지면서 공간을 입체적으로 인식하게 되고 자연스레 공간지각력을 키우게 되지요.

아이의 공간지각을 높이기 위해 아이와 함께 서랍이나 책장을 정리해 보세요. 이를 통해 보는 시야가 점점 넓어지면 생각이 입체적으로 확장되고 창의적인 사고를 갖게 됩니다.

 감각통합&뇌 발달

키친타월심의 방향에 따라(시각, 시각주의력, 위치지각) 몸통을 좌우로 돌려서(고유수용성, 움직임조절) 두 발로 점프하여 이동합니다(민첩성, 시운동협응).

감각	촉각	청각	전정감각	고유수용성	시각
운동기능	균형감각	운동계획	신체협응	움직임조절	민첩성
시지각	시각주의력	시각추적	위치지각	시각기억력	시운동협응

몸에 붙은 포스트잇 떼기

⠿ 준비물 포스트잇 10여 장

QR코드로 활동
동영상을 확인하세요.

⌐⌐ 사전 준비

☑ 아이의 몸 곳곳에 포스트잇을 붙입니다.

➕ 아이가 거울을 보며 스스로 몸의 다양한 부위에 붙여도 좋아요.

☑ 손을 쓰지 않고 몸을 흔들어서 떼는 것이 규칙이라고 일러주세요.

⚡ 초간단 놀이법

몸을 세게 흔들고 움직여서 몸에 붙은 포스트잇을 모두 떨어뜨려요.

이 놀이는 몸에 붙은 포스트잇을 손을 사용하지 않고 몸을 움직여서 떼는 활동입니다. 익숙하고 편한 손을 사용하지 않고 다른 방법으로 하는 놀이이기 때문에 이 자체로 새로운 자극이 될 수 있지요. 새로운 자극은 흥미와 재미를 유도하고 능동적인 참여를 끌어냅니다.

아이의 몸에 포스트잇을 붙일 때 얼굴, 어깨, 배, 팔꿈치, 발등 등 최대한 다양한 신체 부위에 붙여주세요. 얼굴에 붙은 포스트잇은 얼굴 근육을 움직여서 떼야 하고, 어깨에 붙은 포스트잇은 양쪽 어깨를 사방으로 움직여서 떼어야 하기 때문에 자신의 각 신체 부위에 집중하게 됩니다. 손으로 쉽게 떼고 싶은 마음을 억누르며 끝까지 규칙을 따르다보면 인내심도 기를 수 있고 신체를 부위별로 인지하게 되면서 신체상과 신체도식이 생깁니다.

아이가 좋아하는 음악에 맞춰 몸을 자유롭게 흔들며 떼는 것도 좋고 아이와 부모의 역할을 바꿔 놀이를 하면 부모와 함께 즐거운 상호작용을 할 수 있어서 좋아요.

감각통합&뇌 발달

손을 쓰지 않고(규칙이해, 자기조절력) 포스트잇이 붙은 신체 부위를 세게 흔들어서(움직임조절) 몸에 붙은 포스트잇을 모두 떨어뜨립니다 (놀이경험).

운동기능	균형감각	운동계획	신체협응	움직임조절	민첩성
정서	정서적안정	놀이경험	감정표현	감정조절	자기조절력
사회성	적응력	상호작용	협동심	규칙이해	사회적기술

토끼와 거북이처럼 움직이기

●● **준비물** 놀이매트
●●

QR코드로 활동
동영상을 확인하세요.

⌐⌐ **사전 준비**

☑ 아이에게 토끼 동작, 거북이 동작을 시범을 보이며 알려줍니다.

(동작) 토끼처럼 움직이기(앞으로 빠르게 뛰기), 거북이처럼 움직이기(뒤로 천천히 3

걸음 걷기) 등

⚡ **초간단 놀이법**

부모가 말해주는 동물의 이름을 듣고 각 동물의 움직임을 기억하여 움직여요.

✚ 익숙해지면 동물과 동작을 추가해서 놀아요.

(동작) 곰처럼 움직이기(네발기기 자세로 앞으로 걷기), 뱀처럼 움직이기(엎드린 자세로 앞으로 기기) 등.

☰ 아동발달전문가의 조언

이 놀이는 토끼 동작과 거북이 동작을 익히고 부모가 말하는 동물 이름에 해당하는 동작을 기억해서 해 보는 활동입니다. 소리에 대한 변별력을 길러주고 청각주의력을 발달시키는 데 효과적이지요. 또한 토끼 동작은 빠른 움직임이고 거북이 동작은 느린 움직임이므로 움직임조절능력과 민첩성이 발달합니다.

청각주의력이란 주변의 여러 소리 중에 특정한 소리나 언어 지시에 주의를 기울이는 능력을 말합니다. 청각주의력이 부족하면 주변 소리로부터 중요한 소리를 변별하기 어려워서 주의가 쉽게 흐트러지고 집중하기 어렵게 됩니다.

평소 아이가 주의력이 부족하다면 최대한 불필요한 소음을 없애고, 주의력이 필요한 활동을 할 때는 부모의 말에 집중할 수 있도록 "집중.", "자."와 같은 음성 신호를 주는 것이 좋습니다.

감각통합&뇌 발달

부모가 말한 동물의 이름을 듣고(청각주의력, 말소리변별) 해당하는 동작을 기억하여(규칙이해) 적절한 동작을 해 봅니다(움직임조절, 민첩성).

운동기능	균형감각	운동계획	신체협응	움직임조절	민첩성
언어	청각주의력	말소리변별	언어이해	지시따르기	의사소통
사회성	적응력	상호작용	협동심	규칙이해	사회적기술

선 따라 컵 당기기

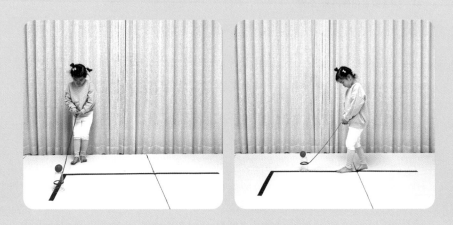

∴ 준비물   끈을 묶은 일회용 플라스틱 컵 1개, 볼풀공 1개,
마스킹테이프

QR코드로 활동
동영상을 확인하세요.

⌐⌐ 사전 준비

☑ 마스킹테이프로 바닥에 'ㄱ' 모양의 길을 표시해요. 길은 어른 걸음으로 2보

정도의 길이가 적당해요.

☑ 끈을 묶은 컵을 뒤집어 바닥에 놓고 그 위에 볼풀공을 올려놓아요.

☑ 아이가 끈을 당기면서 뒤로 걸을 수 있는지 확인해요.

✚ 끈을 당기며 뒤로 걷기 어려워하면 아이의 손을 잡고 함께 걸으며 연습해요.

218

1. 'ㄱ' 모양의 길을 따라 뒤로 걸으면서 끈을 천천히 당겨요.
2. 꺾인 부분에서 조심스레 방향을 바꾸어 끝까지 이동해요.

🗨 아동발달전문가의 조언

시각주의력이 부족하고 시각추적에 어려움이 있으면 공놀이를 할 때 공을 끝까지 보지 못하고 놓치는 경우가 많아요. 책을 읽을 때 읽던 부분을 놓쳐서 책의 내용을 이해하기 어려워하는 경우도 시각추적에 어려움이 있기 때문이에요. 시각추적은 눈으로 하지만 결국 뇌에서 하는 기능이므로 시각추적이 어렵다면 시각과 뇌를 연결하는 연습이 필요해요.

이 놀이는 주어진 길을 따라 컵을 끝까지 옮겨야 하는데 꺾인 부분에서 방향을 전환해야 하므로 길과 컵에 시선을 두고 끊기지 않게 추적해야 해요. 그리고 바뀐 방향으로 몸의 방향도 바꿔야 하지요. 아이가 방향을 바꾸기 어려워하거나 대충 지나쳐 버리려 한다면 부모는 다시 길을 짚어주어 아이가 끝까지 길을 따라 컵을 옮길 수 있도록 도와주세요.

감각통합&뇌 발달

'ㄱ' 모양의 길을 따라(시각주의력, 시각추적) 뒤로 걸으면서(시운동협응, 집중력, 운동계획) 공이 떨어지지 않을 정도의 힘을 주어 끈을 당깁니다(시각추적, 움직임조절).

운동기능	균형감각	운동계획	신체협응	움직임조절	민첩성
시지각	시각주의력	시각추적	위치지각	시각기억력	시운동협응
인지	집중력	조직화	성취감	자신감	문제해결력

누워서 외줄 오르기

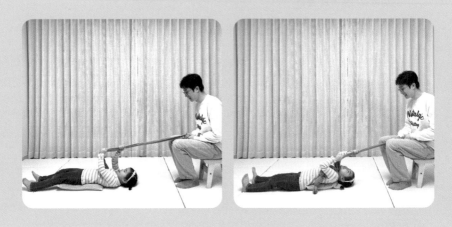

⋮ 준비물 작은 쿠션 1개, 아동용 의자 1개
양쪽 끝을 고무줄로 묶은 담요(또는 큰 수건) 1개

QR코드로 활동
동영상을 확인하세요.

⌐ㄴ 사전 준비

☑ 선 자세에서 담요의 한쪽 끝을 잡고 줄을 타고 올라가는 것처럼 팔을 교대로
움직이는 연습을 해요.

☑ 바닥에 쿠션을 두고 그 위에 등을 대고 누워요. 부모는 아이 머리 위쪽으로
어른 걸음 2보 거리에 의자를 두고 앉아서 아이에게 담요의 한쪽 끝을 건네요.

✚ 팔을 교대로 움직이는 것에 익숙해지도록 언어적 힌트(오른손, 왼손)를 주세요.

팔을 교대로 움직이면서 담요를 당겨 부모가 있는 도착지점까지 움직여요.

📋 아동발달전문가의 조언

"왼쪽과 오른쪽의 움직임이 달라요.", "좌우 균형이 맞지 않아서 자꾸 한쪽으로 넘어져요." 이처럼 평소 아이의 균형감각이 부족하다고 느껴진다면 아이에게 눈을 감고 제자리에서 스무 걸음을 걸으라고 해 보세요. 균형감각이 부족하면 몸이 한쪽 방향으로 돌아갑니다. 이는 균형을 조절하는 전정기관이 시각 정보 없이는 움직임의 방향과 위치를 파악하기 어려워서 나타나는 현상이에요.

이 시기는 대근육이 발달하는 시기로 다양한 움직임을 만드는 데 기본이 되는 균형감각을 키우기 위해 전정감각을 자극하는 활동을 충분히 하는 게 좋습니다. 이 놀이는 왼쪽과 오른쪽 손에 똑같은 힘을 주어 교대로 움직여야 하므로 좌우 균형감각을 키우는 데 효과적이에요. 또 다른 활동으로 두 발을 일자로 놓고 걷기(heel to toe), 즉 한쪽 발가락에 다른 쪽 발의 뒤꿈치를 바로 붙여서 일직선으로 걷는 활동도 좌우 균형감각을 향상시키는 데 매우 좋습니다.

감각통합&뇌 발달

누운 자세로(전정감각) 담요를 교대로 세게 당기면서(고유수용성, 균형감각, 신체협응) 도착지점까지 이동합니다(움직임조절, 집중력, 성취감).

감각	촉각	청각	전정감각	고유수용성	시각
운동기능	균형감각	운동계획	신체협응	움직임조절	민첩성
인지	집중력	조직화	성취감	자신감	문제해결력

쿠션에 서서 공 줍기

⁚ 준비물 큰 쿠션 1개, 탁구공 3개, 종이컵 3개, 넓은 바구니 1개

사전 준비

☑ 아이는 바닥에 쿠션을 놓고 그 위에 서요.

☑ 쿠션 앞에 종이컵을 뒤집어 놓고 종이컵 위에 탁구공을 올려요. 쿠션과 종이컵의 거리는 어른 손바닥 한 뼘 정도가 적당해요.

☑ 탁구공을 주워서 담을 바구니는 아이의 오른손(우세손) 쪽에 둡니다.

☑ 아이가 쿠션 위에 서서 안정적으로 10초간 균형을 잡을 수 있는지 확인해요.

➕ 아이가 쿠션 위에서 균형 잡기 어려워하면 부모의 손을 잡고 연습해 봅니다.

1. 쿠션 위에 서서 무릎을 굽힌 후 종이컵 위에 있는 탁구공을 잡고 일어나요.
2. 바구니에 잡은 탁구공을 던져 넣어요.

📃 아동발달전문가의 조언

이 놀이는 특히 균형감각이 요구되는 활동이에요. 몸을 앞으로 숙일 때 전정감각이 움직임을 감지하지 못하면 균형을 잃고 넘어질 수 있지요. 종이컵 위에 있는 탁구공을 보지 못해도 균형이 깨지고, 앞으로 기울인 자세를 고유수용성감각이 알아차리지 못하면 적절하게 무릎을 굽혀 균형을 잡기가 어려워요. 균형은 이처럼 전정감각, 시각, 고유수용성감각이 함께 조화롭게 만들어내는 기능으로 균형감각을 키우려면 이 세 가지 감각이 잘 통합되어야 합니다.

짐볼 운동 역시 균형감각을 키우는 데 매우 효과적입니다. 짐볼 위에 앉아서 양팔을 옆으로 뻗은 후 약 20~30초 간 자세를 유지하는 거예요. 정적인 놀이나 학습을 하기 전에 균형감각을 익히는 활동을 꾸준히 하면 집중력을 높이는 데도 도움이 됩니다.

감각통합&뇌 발달
쿠션 위에 서서 몸을 앞으로 숙이면서 무릎을 굽히고(전정감각, 고유수용성, 균형감각) 팔을 뻗어 공을 잡아서(움직임조절) 바구니에 넣습니다(위치지각, 시운동협응).

감각	촉각	청각	전정감각	고유수용성	시각
운동기능	균형감각	운동계획	신체협응	움직임조절	민첩성
시지각	시각주의력	시각추적	위치지각	시각기억력	시운동협응

두 발로 공 옮기기

⁝⁝ 준비물 볼풀공 10개, 넓은 바구니 2개, 아동용 의자 1개

QR코드로 활동
동영상을 확인하세요.

⌐⌐ 사전 준비

☑ 의자에 앉은 아이 발 앞에 바구니 2개를 옆으로 나란히 둡니다. 이때 볼풀공

이 담긴 바구니는 아이의 오른발(우세발) 쪽에 둡니다.

☑ 의자에 앉은 자세에서 두 다리를 모아 들 수 있는지 확인해요.

➕ 손으로 의자를 잡으면 안정적으로 균형을 잡을 수 있다고 알려주세요.

➕ 아이가 다리를 들기 어려워하면 등에 쿠션을 대주고 다리를 들어올리는 연습

을 먼저 하게 도와주세요.

의자에 앉아서 두 발로 공을 잡고, 잡은 공을 빈 바구니로 모두 옮겨요.

➕ 상체가 뒤로 젖혀지지 않도록 유의해요.

☰ 아동발달전문가의 조언

아이가 바닥에 앉을 때의 자세를 잘 살펴보세요. 만약 아이가 W 자세(무릎을 꿇고 엉덩이를 바닥에 붙이고 두 다리를 바깥으로 빼서 발가락이 몸 바깥쪽으로 향하게 앉는 자세)로 앉는다면 코어근육(중심근육)이 약할 수밖에 없습니다. 아이들이 W 자세를 선호하는 이유는 중심을 잡으려고 노력하거나 근육에 힘을 주지 않아도 몸통의 균형을 유지하기 쉽고 바닥에 닿는 면적이 넓어서 안정감을 느끼기 때문입니다. 즉 W 자세는 척추근육과 복부근육에 전혀 힘이 들어가지 않기 때문에 코어근육의 발달을 저해합니다. 이 놀이는 척추근육과 코어근육을 강화하는 데 효과적인 활동입니다. 코어근육이 강화되면 몸의 안정성이 확보되어 바른 자세를 유지하는 데 효과적입니다. 바구니 두 개를 세로 방향으로 두고 볼풀공을 앞뒤로 옮기는 놀이로 연결해도 좋습니다.

감각통합&뇌 발달

두 발에 힘을 주어 공을 잡고(신체협응, 집중력) 몸통의 균형을 유지하며(균형감각) 다리를 오른쪽에서 왼쪽으로 움직여서(위치지각, 움직임 조절) 빈 바구니로 공을 모두 옮깁니다(시운동협응).

운동기능	균형감각	운동계획	신체협응	움직임조절	민첩성
시지각	시각주의력	시각추적	위치지각	시각기억력	시운동협응
인지	집중력	조직화	성취감	자신감	문제해결력

두 발로 휴지 탑 쌓기

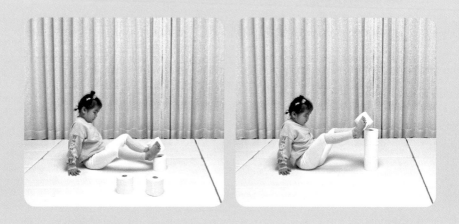

●●● **준비물** 두루마리 휴지 4개

QR코드로 활동
동영상물 확인하세요.

┌┐ **사전 준비**
└┘

☑ 바닥에 앉아서 등 뒤로 두 손을 짚게 해요. 휴지는 아이의 오른발(우세발) 쪽에 늘어놓습니다.

☑ 아이가 바닥에 앉아서 다리를 들어올릴 수 있는지 확인해요.

✚ 아이가 다리를 들기 어려워하면 등에 쿠션을 대주고 다리를 들어올리는 연습을 먼저 하게 합니다.

1. 바닥에 앉아서 등 뒤로 두 손을 짚은 자세를 유지하면서 두 발로 휴지를 잡아 앞쪽으로 옮겨요.
2. 두 번째 휴지부터는 앞에 옮긴 휴지 위에 차례로 올려서 탑을 쌓아요.

≡ 아동발달전문가의 조언

1~3세 때 두 손으로 휴지 탑을 쌓고 놀았다면 이번에는 두 발로 쌓는 것에 도전해 봅니다. 똑같이 휴지를 이용하는 놀이여도 다른 신체부위를 자극한다면 아이들은 새로운 놀이로 인식하여 흥미를 느끼고, 새로운 자극은 뇌를 자극합니다. 이 시기 아이들의 뇌는 몸을 움직여서 노는 경험에 맞춰져 있어서 활동적인 경험을 할 때 대뇌가 크게 반응합니다. 반면 가만히 앉아서 영상을 보거나 정적인 놀이만 하면 뇌 자극이 현저히 떨어집니다. 그러니 평소 앉아서 하는 블록놀이를 좋아하는 아이라면 이런 놀이를 통해 다양한 근육을 사용하고 몸에 집중하는 경험을 하게 해주는 게 좋습니다. 움직임에 익숙해지면 응용 놀이로 두 발로 종이컵 탑 쌓기를 해도 좋습니다.

감각통합&뇌 발달
등 뒤로 손을 짚고 바닥에 앉은 자세에서 두 발로 휴지를 잡아(시각주의력, 신체협응) 넘어지지 않게 균형을 유지하고(균형감각) 다리를 점점 높게 올리면서 탑을 쌓아봅니다(움직임조절, 집중력, 성취감).

운동기능	균형감각	운동계획	신체협응	움직임조절	민첩성
시지각	시각주의력	시각추적	위치지각	시각기억력	시운동협응
인지	집중력	조직화	성취감	자신감	문제해결력

종이컵 낚시

⠿ 준비물 종이컵 6~10개, 긴 막대(또는 신문지 막대) 1개,
아동용 의자 1개, 넓은 바구니 1개, 사인펜

QR코드로 활동
동영상을 확인하세요.

⌐ 사전 준비

☑ 아이와 함께 종이컵에 물고기 그림을 그립니다.

☑ 아이는 긴 막대를 들고 의자에 앉아요. 바구니는 아이의 오른손(우세손) 쪽에
두고 종이컵 물고기는 의자 앞에 눕혀서 펼쳐둡니다.

☑ 아이에게 긴 막대(낚싯대)를 종이컵의 입구에 끼워 들어올리는 규칙을 일러줍
니다. 시범을 보여줘도 좋습니다.

✚ 의자에 앉아서 막대를 조작하기 어려워하면 바닥에 앉아서 시도해도 좋아요.

⚡ 초간단 놀이법

막대(낚싯대)에 물고기 종이컵을 끼운 다음, 떨어뜨리지 않고 조심스럽게 옮겨 옆에 둔 바구니(어항)에 모두 담아요.

🗨 아동발달전문가의 조언

이 시기 아이들은 숟가락과 포크를 사용하여 스스로 먹기가 가능해집니다. 그러나 젓가락질은 아직 연습하는 시기여서 마음처럼 쉽지 않을 거예요. 그래서 정교하게 손을 조절하는 연습이 필요하지요.

이 놀이는 의자에 앉아서 바닥에 있는 종이컵 물고기를 막대로 들어 올려 바구니로 옮기는 활동이에요. 종이컵의 뚫린 쪽에 막대를 끼워 떨어지지 않게 조심히 옮겨야 하므로 높은 집중력과 정교한 손가락 조절이 필요하지요.

유사한 놀이로 나무젓가락에 자석이 달린 끈을 매달아 자석 낚시대를 만들고 뒤집은 종이컵 위쪽에 클립을 붙여서 자석 낚시 놀이를 할 수 있어요. 종이컵 옆면에 웃는 표정, 슬픈 표정, 화난 표정 등을 그려넣어 잡은 물고기의 다양한 기분과 표정을 표현해 보는 것도 다양한 감정을 익히는 데 도움이 됩니다.

감각통합&뇌 발달

긴 막대를 종이컵 쪽으로 움직이고(시각주의력, 위치지각) 팔과 손을 세밀하게 조절하여(움직임조절, 시운동협응) 종이컵을 들어올린 후 바구니로 옮깁니다(놀이경험).

운동기능	균형감각	운동계획	신체협응	움직임조절	민첩성
시지각	시각주의력	시각추적	위치지각	시각기억력	시운동협응
정서	정서적안정	놀이경험	감정표현	감정조절	자기조절력

감각　운동가능　시지각　언어　인지　정서　사회성

색종이 카드 뒤집기

⠿ 준비물 앞면과 뒷면의 색깔이 다른 색종이 카드 10장

QR코드로 활동
동영상을 확인하세요.

⌐⌐ 사전 준비

☑ 바닥에 색종이 카드를 두 가지 색이 고루 보이도록 펼쳐둡니다.

☑ 아이에게 같은 색이 위로 보이도록 카드를 뒤집는 규칙을 일러줍니다.

➕ 규칙을 이해할 수 있도록 부모가 시범을 보여주세요.

⚡ 초간단 놀이법

부모가 말한 색깔을 듣고 색종이 카드를 재빨리 뒤집어요.

손바닥이 위를 보는 움직임(뒤침)과 손등이 위를 보는 움직임(엎침)은 정교한 소근육 활동을 할 때 필요한 팔과 손목의 움직임입니다. 예를 들어 뒤침 움직임은 숟가락으로 음식을 먹을 때와 세수할 때 필요하고, 엎침 움직임은 동전과 같은 작은 물건을 잡을 때 필요합니다. 소근육 활동을 할 때는 손가락만 기민하게 사용하는 게 아니라 어깨와 팔, 손목의 협응 움직임이 필요합니다. 아이가 아직 팔이나 어깨를 안정적으로 움직일 준비가 되지 않았는데 손가락 사용만 늘린다면 손가락에 피로도가 높아져서 소근육 과제 자체를 거부할 수 있어요. 그러니 평소에 놀이로 재미있게 연습하는 게 좋습니다.

바닥에 있는 카드를 뒤집는 이 놀이는 뒤침과 엎침 움직임을 연습하기에 매우 좋은 활동입니다. 이러한 움직임이 뒷받침되면 손을 기능적으로 사용할 수 있고 소근육 발달에도 도움을 줄 수 있어요. 혼자 놀이를 한다면 카드를 뒤집을 때 "10까지 숫자를 셀 동안 모두 빨강색이 보이게 뒤집는 거야"와 같이 시간을 정해도 좋습니다. 친구와 함께한다면 각자 원하는 색깔의 카드를 정해서 시간 안에 빠르게 뒤집게 하여 승부를 겨룰 수도 있어요.

감각통합&뇌 발달

색깔을 듣고(청각주의력, 말소리변별) 색종이 카드를 찾아서(시각주의력, 위치지각) 해당하는 색깔이 보이도록 카드를 모두 뒤집습니다(규칙 이해).

시지각	시각주의력	시각추적	위치지각	시각기억력	시운동협응
언어	청각주의력	말소리변별	언어이해	지시따르기	의사소통
사회성	적응력	상호작용	협동심	규칙이해	사회적기술

풍선 배드민턴

QR코드로 활동
동영상을 확인하세요.

:: 준비물 풍선 1개,
긴 막대(또는 신문지 막대나 넓고 탄탄한 부채) 2개

⌐¬ 사전 준비

☑ 아이와 부모는 어른 걸음으로 2보 정도의 거리를 두고 마주 보고 서요.

⚡ 초간단 놀이법

1. 아이는 막대를 잡고 부모가 던져주는 풍선을 쳐요.

➕ 던져주는 풍선을 치기 어려워하면 풍선을 천장에 매달아 막대로 치는 연습
을 먼저 하게 도와주세요.

2. 풍선을 치는 것에 익숙해지면 부모도 막대를 잡고 쳐서 서로 주고받아요.

아동발달전문가의 조언

이 놀이는 부모와 함께 긴 막대를 이용하여 풍선을 주고받는 활동입니다. 풍선은 공보다 가볍기 때문에 비교적 체공시간이 길어서 아이들이 배드민턴 연습을 하기에 제격이에요. 풍선을 치려면 눈-손협응력이 필요하고 풍선을 칠 타이밍을 알아야 합니다. 만약 날아오는 풍선과의 거리를 잘 가늠하지 못하면 아이는 제자리에서 기다리지 못하고 풍선 쪽으로 다가올 거예요. 이러한 경우에는 아이가 서 있을 곳을 표시하여 최대한 그 자리에서 풍선을 치도록 해주세요. 배드민턴 경기장처럼 긴 끈(또는 마스킹테이프)으로 가운데 경계를 표시하면 아이 공간과 부모 공간을 나눠서 지각하는 데 도움이 됩니다.

아이들은 놀이를 하면서 많은 언어를 배우기 때문에 놀이 중에 자연스럽게 '던져', '받아', '위로', '앞으로', '세게' 등 놀이와 관련한 단어를 사용하면 동작과 관련된 어휘 습득에 좋습니다. 응용 놀이로 실외에서 물풍선 주고받기도 좋아요. 물풍선은 작고 잘 터지므로 더 정교하게 다루는 경험을 할 수 있어요.

감각통합&뇌 발달
부모가 던져주는 풍선을 보고(시각주의력, 시각추적) 풍선이 바닥에 떨어지지 않게 부모가 있는 방향으로 치면서(시운동협응) 부모와 풍선을 주고받습니다(놀이경험, 상호작용).

시지각	시각주의력	시각추적	위치지각	시각기억력	시운동협응
정서	정서적안정	놀이경험	감정표현	감정조절	자기조절력
사회성	적응력	상호작용	협동심	규칙이해	사회적기술

제자리 멀리뛰기

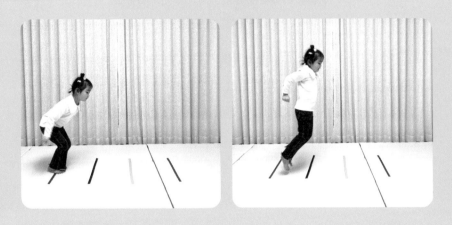

⋮ 준비물 마스킹테이프

QR코드로 활동
동영상을 확인하세요.

⌐¬ 사전 준비

☑ 마스킹테이프로 어른 손바닥 세 뼘 간격을 두고 가로 선을 4줄 표시해요.

☑ 제자리에서 무릎을 구부렸다 펴며 위로 높이 뛸 수 있는지 확인해요.

✚ 점프를 어려워하면 시범을 보여주거나 부모의 손을 잡고 뛰는 연습을 해 봐요.

⚡ 초간단 놀이법

1. 서서 팔을 앞뒤로 흔드는 동시에 무릎을 굽혔다 펴며 멀리 뛸 준비를 해요.

2. 앞에 있는 선을 보고 최대한 멀리 폴짝 뛰어요.

✚ 뛰는 타이밍을 맞추기 어려워하면 언어적 힌트(하나, 둘)를 주어도 좋아요.

🗏 아동발달전문가의 조언

높이뛰기를 할 때는 몸의 무게중심이 바뀌지 않지만 멀리뛰기를 할 때는 몸의 무게중심이 가운데에서 앞으로 이동합니다. 따라서 멀리뛰기는 신체를 조절하는 힘과 몸의 무게중심을 조절하는 힘이 생겼을 때 가능합니다.

이 놀이는 몸이 앞으로 쏠리기 때문에 아이가 균형을 잃고 넘어질까 봐 무서워서 시도하지 않으려고 할 수 있어요. 그런 경우 부모가 아이 손을 잡고 앞으로 이끌어 익숙해지게 도와주세요. 특히 기질적으로 완벽주의적인 성향이 강한 아이라면 처음 시도해 보는 놀이는 잘 해내지 못할 것 같아서 회피하는 모습을 보이기도 합니다. 이런 아이에게는 적당한 칭찬과 함께 과정에 대한 격려와 지지가 필요합니다. 단 잘 해냈을 때 격한 반응과 칭찬은 오히려 완벽주의적인 성향을 강화시킬 수 있기 때문에 삼가야 합니다.

감각통합&뇌 발달

최대한 멀리 점프할 수 있게 무릎을 굽혔다 펴면서(고유수용성, 신체협응) 앞으로 무게중심을 옮겨(운동계획, 균형감각) 멀리 뜁니다(성취감, 자신감).

감각	촉각	청각	전정감각	고유수용성	시각
운동기능	균형감각	운동계획	신체협응	움직임조절	민첩성
인지	집중력	조직화	성취감	자신감	문제해결력

과녁 맞히기

∵ **준비물** 과녁을 그린 종이(또는 과녁판) 1장,
볼풀공 5개 이상, 넓은 바구니 1개

QR코드로 활동
동영상을 확인하세요.

⌐⌐ **사전 준비**

☑ 부모는 아이 눈높이에 맞춰 과녁판을 들고 아이와 마주 보고 서요. 아이와의

거리는 어른 걸음으로 2보 정도가 적당해요.

☑ 볼풀공이 담긴 바구니는 아이의 오른손(우세손) 쪽에 둡니다.

⚡ **초간단 놀이법**

과녁판의 가운데로 공을 조준하여 던져요.

✚ 과녁판이 멀어서 조준하기 어려워하면 거리를 좁혀서 시도합니다.

📋 **아동발달전문가의 조언**

유아기에는 달리기, 점프하기 등의 움직임을 통해 새로운 자극을 경험하고 반응하는 기회를 얻으며 이러한 감각 및 운동경험이 학령전기에 언어와 인지 발달로 확장됩니다. 특히 목적이 없는 움직임이 아니라 장애물을 넘거나 힘을 조절하여 던지는 등 집중이 필요한 움직임 경험으로 만들어진 시냅스는 언어와 인지 영역으로 연결됩니다. 따라서 운동 발달이 지연되면 언어 및 인지 발달도 지연되는 경우가 생길 수 있습니다.

이 놀이는 과녁판의 가운데를 조준하여 공을 던지는 활동이에요. 과녁의 위치와 거리에 따라 힘을 조절해야 하고 집중해서 과녁을 맞혀야 하니 움직임조절능력과 집중력이 향상됩니다. 만약 아이가 앞에 있는 과녁판에 공을 던지기 어려워하면 과녁판을 바닥에 놓고 공을 던져도 됩니다. 공을 앞으로 던지는 것보다 아래로 던지는 것이 조준하기 쉽기 때문이죠. 응용 놀이로 과녁판을 바닥에 놓고 발끝에 실내화를 살짝 걸쳐서 신발 던지기 놀이를 해도 좋아요.

감각통합&뇌 발달

과녁판의 가운데를 조준하고(시각주의력, 집중력) 과녁의 위치와 거리를 파악한 후 공을 던져서(위치지각, 움직임조절, 시운동협응) 과녁을 맞힙니다(성취감).

운동기능	균형감각	운동계획	신체협응	움직임조절	민첩성
시지각	시각주의력	시각추적	위치지각	시각기억력	시운동협응
인지	집중력	조직화	성취감	자신감	문제해결력

바구니 골프

⋮⋮ 준비물 긴 막대(또는 어린이용 장우산이나 장난감 골프채) 1개,
볼풀공 3개, 깊은 바구니 1개

QR코드로 활동
동영상을 확인하세요.

🔲 사전 준비

☑ 골대로 사용할 바구니를 옆으로 세우고 어른 걸음 2보 정도 거리에 서요.

☑ 아이 앞에 볼풀공을 하나 놓아요.

☑ 몸통을 움직이지 않고 두 팔만 모아 시계추처럼 움직일 수 있는지 확인해요.

⚡ 초간단 놀이법

옆으로 선 자세에서 몸을 살짝 숙이고 막대로 공을 쳐서 골대에 넣어요.

이 놀이는 집중력과 인내심을 기를 수 있는 활동입니다. 적절한 힘의 세기로 막대를 사용하여 공을 쳐서 바구니에 넣는 동작을 반복해야 제대로 공을 넣을 수 있으니까요. 공이 계속 바구니에 들어가지 않으면 아이는 마음과 행동이 조급해질 수 있어요. 그러나 마음을 진정하고 다시 시도하는 과정에서 인내하는 연습을 하게 됩니다. 아이의 인내심을 기르려면 아이를 기다려주는 부모의 인내심 역시 필요합니다. 아이가 연습하는 과정에서 결과보다는 끝까지 노력하는 태도를 지지하고 격려해 주세요. 부모가 기다려주면 그 시간은 아이가 스스로 문제를 해결하는 시간이 되고 새로운 배움을 얻는 값진 경험이 됩니다.

인내심은 '자기조절력'이라 부르기도 하는데 5~6세에 가장 의미 있는 변화가 생깁니다. 이 시기 자기조절력의 향상은 뇌가 발달했다는 근거이기도 합니다. 자신이 원하는 것을 얻기 위해 감각적으로 반응하고 그 순간의 감정에 휘말려 떼를 쓰던 아이가 자신의 감정을 인식하고 부모와 소통하며 욕구를 조절하는 힘이 생기지요. 인내심은 한순간에 길러지는 것이 아니니 일상생활에서 조금씩 연습하여 좋은 습관이 되도록 해야 합니다.

감각통합&뇌 발달

골대의 위치를 확인하고(위치지각) 막대로 공을 적절한 세기로 쳐서(움직임조절, 신체협응) 바구니 안에 한 번에 넣습니다(시각추적, 시운동협응, 집중력, 성취감).

운동기능	균형감각	운동계획	신체협응	움직임조절	민첩성
시지각	시각주의력	시각추적	위치지각	시각기억력	시운동협응
인지	집중력	조직화	성취감	자신감	문제해결력

감각 운동기능 시지각 언어 인지 정서 사회성

고리 컬링

∴ 준비물 고리 4개 이상, 넓은 바구니 1개, 마스킹테이프

QR코드로 활동
동영상을 확인하세요.

⌐ 사전 준비

☑ 마스킹테이프로 네모난 표적(골인 지점)을 만들어요.

☑ 아이는 표적에서 어른 걸음으로 2보 정도 떨어진 곳에 앉아요.

☑ 고리를 담은 바구니는 아이의 오른손(우세손) 옆에 둡니다.

⚡ 초간단 놀이법

앉은 자세에서 고리를 앞으로 힘껏 밀어서 표적 안에 고리를 넣어요.

✚ 고리를 던지지 않고 밀어서 넣도록 일러줍니다.

이 놀이는 고리를 밀어서 표적 안에 넣는 활동으로 집중력과 인내심이 요구됩니다. 어느 정도 힘으로 고리를 밀어야 표적 가까이에 가는지, 움직임의 경험이 쌓여야 고리를 제대로 표적에 넣을 수 있지요.

아이는 고리가 표적 가까이 가지 않거나 원하는 방향으로 밀려가지 않으면 고리를 던져 넣으려고 할 수 있습니다. 그럴 때 부모는 다시 한 번 고리를 밀어서 넣어야 한다는 놀이의 규칙을 일러주고 다시 해 보게 합니다.

이 놀이를 하면서 고리가 여기저기에 흩어졌을 때 고리를 모아오는 것도 놀이의 하나로 여겨야 합니다. 그래서 놀이가 끝나면 아이가 스스로 정리하게 하는 것이 좋습니다. 정리를 하면서 더 놀고 싶은 마음과 아쉬운 마음을 달랠 수 있고 물건을 제자리에 정리하는 과정을 통해 공간을 조직화하는 방법을 배우게 됩니다. 이렇게 놀이의 시작과 마무리가 확실하면 뇌에서도 조직화능력이 발달할 수 있고 책임감도 키울 수 있어요.

감각통합&뇌 발달
고리를 앞으로 밀기 편하게 자세를 낮추고 고리를 힘껏 밀어서(움직임 조절) 표적 안에 고리를 넣습니다(집중력, 시각추적, 시운동협응).

운동기능	균형감각	운동계획	신체협응	움직임조절	민첩성
시지각	시각주의력	시각추적	위치지각	시각기억력	시운동협응
인지	집중력	조직화	성취감	자신감	문제해결력

이동하며 점프하기

:: **준비물** 훌라후프 3개, 셀로판테이프

QR코드로 활동
동영상을 확인하세요.

사전 준비

☑ 아이 앞에 훌라후프를 길게 한 줄로 늘어놓고 테이프로 고정합니다.

초간단 놀이법

1. 아이에게 점프하는 방법과 규칙을 일러줍니다.

(동작) 두발점프는 두 다리를 모으고 뛰기, 점핑잭은 훌라후프 밖으로 다리를 벌

리고 뛰기, 한발점프는 한 발로 뛰기

2. 훌라후프 한 칸마다 어떤 점프를 해야 하는지 순서대로 세 가지 동작을 말해 주고 아이는 부모가 말한 점프 순서를 기억하여 훌라후프를 이동해요.

(예시) 두발점프 ···➤ 점핑잭 ···➤ 한발점프

三 아동발달전문가의 조언

숫자를 서너 개 불러주고 불러준 숫자를 외우는 것은 단기기억력을 측정하는 것이고, 불러주는 숫자의 순서를 거꾸로 외우게 하는 것은 작업기억력을 측정하는 것입니다. 즉 작업기억은 짧게 기억한 정보를 유지하고 조작하는 능력입니다. 아이들이 새로운 것을 배울 때 단기기억과 작업기억을 잘하기 위해서는 눈으로 기억하는 동시에 귀로도 기억하는 것이 좋습니다. 또한 눈과 귀로 기억한 정보를 몸으로 움직이고 실행하면 훨씬 기억하기 좋습니다.

이 놀이는 여러 가지 점프 동작을 순서대로 기억해서 움직여야 합니다. 뇌는 의미 있는 반복을 좋아하므로 아이가 직접 몸으로 반복하여 동작과 순서를 익히면 기억력 향상에 효과적입니다. 이 방법으로 다양한 점프 동작의 순서를 익혔다면 가장 마지막 동작부터 반대로 해 보면서 작업기억도 연습해 보세요.

감각통합&뇌 발달

부모가 불러주는 점프 규칙을 기억하여(언어이해, 지시따르기, 규칙이해) 다양한 방법으로 점프하여(균형감각, 신체협응, 운동계획) 훌라후프를 이동합니다.

운동기능	균형감각	운동계획	신체협응	움직임조절	민첩성
언어	청각주의력	말소리변별	언어이해	지시따르기	의사소통
사회성	적응력	상호작용	협동심	규칙이해	사회적기술

동작 기억해서 움직이기

∴ 준비물 빨강, 노랑, 파랑 색의 원마커(또는 색종이) 3개

⌐ ⌐ 사전 준비

☑ 원마커는 아이 앞에 한 줄로 길게 늘어놓아요.

☑ 아이가 두발점프와 한 발로 서기를 할 수 있는지 확인해요.

☑ 아이에게 색깔에 맞는 동작을 알려줍니다. 부모가 시범을 보여주면 좋아요.

(동작) 빨간색은 제자리에서 두발점프 2번 하기, 파란색은 손뼉 3번 치기, 노란색
은 한 발을 들고 3초간 서 있기

➕ 놀이가 끝나면 원마커의 순서를 바꿔가며 계속해요.

앞에 놓인 원마커 색을 확인한 후 원마커에 올라서서 미리 정해둔 동작을 해요. 이 과정을 반복하며 끝까지 이동해요.

≡ **아동발달전문가의 조언**

움직이면서 머리를 쓰는 놀이는 아이의 뇌를 깨우는 데 효과적입니다. 예를 들어 축구나 농구처럼 운동 기술이 필요하고 상대의 움직임을 파악해야 하는 운동은 뇌세포의 연결을 강화할 수 있어요. 또한 리듬체조처럼 복잡한 동작이 많은 운동은 몸과 머리를 함께 사용하므로 두뇌를 강하게 자극하지요.

이 놀이는 색깔과 동작을 같이 기억하여 색깔에 맞는 동작을 하는 거예요. 만약 첫 번째 원마커인 빨간색에 해당하는 동작이 제자리에서 두발점프이고, 두 번째 파란색에 해당하는 동작이 손뼉치기라면 두발점프를 하고 손뼉을 쳐야 하는데 무의식 중에 계속 두발점프를 하기도 해요. 움직임으로 뇌를 활성화하려면 몸도 집중하고 뇌도 집중해야 합니다. 이러한 놀이를 통해 학습능력과 기억력이 향상되는 것은 물론이겠죠.

감각통합&뇌 발달

부모가 알려준 색깔과 동작을 같이 연결하여 기억해서(청각주의력, 언어이해, 지시따르기) 원마커의 색깔에 맞는 동작(시각주의력, 위치지각)을 수행합니다(규칙이해).

시지각	시각주의력	시각추적	위치지각	시각기억력	시운동협응
언어	청각주의력	말소리변별	언어이해	지시따르기	의사소통
사회성	적응력	상호작용	협동심	규칙이해	사회적기술

움직이는 훌라후프로 뛰기

⦙ 준비물 훌라후프 1개

⌐ 사전 준비

☑ 부모는 훌라후프를 아이의 발목 높이 정도로 눕혀서 잡아요.

☑ 아이가 앞으로 두발점프와 뒤로 두발점프를 할 수 있는지 확인해요.

⚡ 초간단 놀이법

1. 부모가 훌라후프를 좌우로 움직이면 아이는 훌라후프가 움직이는 타이밍을
보고 앞으로 두발점프하여 움직이는 훌라후프 안에 들어가요.

2. 훌라후프가 다시 움직이기 전에 뒤로 두발점프하여 밖으로 나와요.

✚아이가 뒤로 두발점프하기를 어려워하면 먼저 몸을 뒤로 돌린 후 앞으로 두발
점프하여 나와도 좋습니다.

📃 아동발달전문가의 조언

바닥에 고정한 훌라후프 안으로 점프해서 들어가는 놀이나 장애물 넘기 놀이에
익숙해지고 자신감이 생겼다면 이제 움직이는 훌라후프에 도전해 봐요.

이 놀이는 부모가 훌라후프를 아이의 발목 높이 정도로 들고 있으면 아이가 훌
라후프가 있는 공간과 높이를 고려하여 두 발로 점프해서 훌라후프 안으로 들
어갔다가 뒤로 점프하여 나오는 활동이에요. 첫 번째 점프에 성공하면 부모는 훌
라후프의 위치를 옆으로 조금씩 이동시키고 아이는 다시 움직이는 훌라후프 안
으로 점프를 시도합니다.

이렇게 반복하면서 아이의 움직임이 익숙해지면 부모는 훌라후프를 조금 더 멀
리 이동하고 훌라후프 높이도 조금씩 높이세요. 민첩성도 함께 기를 수 있도록
훌라후프를 점점 빠르게 움직여도 좋습니다.

감각통합&뇌 발달
움직이는 훌라후프를 보고(시각추적, 위치지각) 훌라후프에 걸리지 않
을 높이로(고유수용성) 두 발로 점프하여(전정감각) 훌라후프 안으로
들어갔다가 다시 밖으로 나옵니다(움직임조절, 시운동협응, 민첩성).

감각	촉각	청각	전정감각	고유수용성	시각
운동기능	균형감각	운동계획	신체협응	움직임조절	민첩성
시지각	시각주의력	시각추적	위치지각	시각기억력	시운동협응

짐볼에서 물건 맞히기

QR코드로 활동
동영상을 확인하세요.

⠿ 준비물 짐볼 1개, 콘(또는 500mL 생수병) 4개,
볼풀공 4개 이상, 넓은 바구니 1개

⌐⌐ 사전 준비

☑ 짐볼은 바닥에 두고 콘은 짐볼 반대편에 거리를 두고 좌우로 늘어놓아요.

☑ 볼풀공을 담은 바구니는 아이 오른손(우세손) 쪽에 둡니다.

⚡ 초간단 놀이법

1. 짐볼에 엎드린 자세로 발을 바닥에 고정한 채 무릎을 굽혔다 펴면서 균형을
잡아요.

2. 짐볼에서 상체를 들고 팔을 뻗으며 볼풀공을 던져서 콘을 맞혀요.

짐볼은 신체의 중심을 잡는 연습을 하거나 각성을 조절할 때 도움이 되는 도구입니다. 특히 짐볼 운동은 신체 놀이를 하기 전에 몸을 준비하는 워밍업 운동으로 하면 좋습니다. 자고 일어나서 몸을 깨우기 위해 스트레칭을 하는 것처럼 짐볼을 이용한 운동으로 몸의 근육을 깨우는 거예요.

이 놀이는 엎드린 자세에서 하는 짐볼 운동으로 공을 던져 앞에 있는 콘을 맞히는 활동입니다. 짐볼은 불안정하고 계속 움직이는 특성이 있어서 끊임없이 균형을 잡아야 하고 자세를 유지하려면 집중하여 에너지를 써야 합니다. 아이가 짐볼 위에서 움직임을 조절하기 어려워하면 먼저 무릎을 꿇고 공을 배로 감싸듯이 짐볼에 엎드려서 앞뒤로 움직이게 합니다. 이때 부모가 골반을 잡아주면 균형을 잡기 쉽습니다. 벽 모서리에 짐볼을 붙여놓고 아이가 벽을 잡고 짐볼 위에 올라가서 중심을 잡아보는 것도 좋고, 짐볼에 배를 대고 엎드려서 양손을 바닥에 짚고 균형을 유지하는 것도 효과적인 짐볼 운동입니다.

감각통합&뇌 발달

짐볼에 엎드린 자세에서 중심을 잡고(균형감각, 신체협응) 앞에 있는 콘 쪽으로(위치지각) 공을 던집니다(시운동협응, 성취감).

운동기능	균형감각	운동계획	신체협응	움직임조절	민첩성
시지각	시각주의력	시각추적	위치지각	시각기억력	시운동협응
인지	집중력	조직화	성취감	자신감	문제해결력

훌라후프 따라 공 굴리기

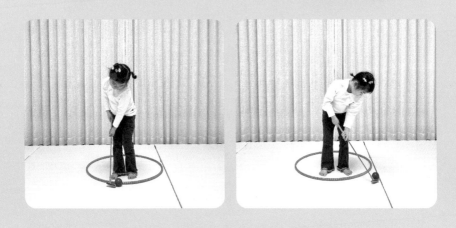

준비물 긴 막대(또는 신문지 막대나 장난감 골프채) 1개,
훌라후프(또는 마스킹테이프) 1개, 볼풀공 1개

사전 준비

☑ 훌라후프는 바닥에 두고 아이는 막대를 들고 훌라후프 안에 들어가서 서요.

초간단 놀이법

훌라후프 가장자리를 따라 한 바퀴 빙 돌며 막대로 공을 굴립니다.

➕ 공은 치지 않고 굴려야 하고 공이 훌라후프에서 멀리 벗어나면 안된다고 일

러주세요.

넓은 운동장에서 자전거를 탈 때와 좁은 길에서 자전거를 탈 때의 움직임 차이를 떠올려보세요. 핸들을 꺾는 정도가 확연히 달라지지요? 아이들도 이처럼 주어진 공간의 크기를 알아야 움직일 수 있는 범위를 알게 되고, 그 안에서 안전하고 적절하게 움직일 수 있어요.

이 놀이는 훌라후프 안에 들어가서 훌라후프 가장자리를 따라 공을 굴리는 활동입니다. 먼저 훌라후프의 크기를 알고 어느 방향으로 한 번에 어느 정도씩 발을 움직일지 계획해야 합니다. 그리고 어느 정도의 힘을 주어 막대로 공을 굴릴 때 공이 훌라후프 길을 벗어나지 않을지 생각해서 움직임을 수행해야 합니다. 처음에 아이가 곡선 길을 따라 공을 굴리기 어려워하면 직선으로 공을 굴리는 것을 먼저 연습하는 것도 좋습니다.

이렇게 움직이기 전에 어떻게 움직여야 할지 생각하고 계획하는 과정을 통해 효율적인 움직임을 만들 수 있고, 이때 아이의 뇌는 조직화되고 정돈됩니다. 그리고 정돈된 뇌는 의도와 목적이 있는 행동을 효과적으로 만들어냅니다.

감각통합&뇌 발달
훌라후프 가장자리를 벗어나지 않게(시각주의력, 시각추적) 막대를 잡은 팔의 움직임을 세밀하게 조절하면서(운동계획, 움직임조절, 집중력, 조직화) 막대로 공을 굴립니다(시운동협응).

운동기능	균형감각	운동계획	신체협응	움직임조절	민첩성
시지각	시각주의력	시각추적	위치지각	시각기억력	시운동협응
인지	집중력	조직화	성취감	자신감	문제해결력

발로 공 굴려서 코너 돌기

• •
• • **준비물** 탱탱볼 1개, 마스킹테이프

⌈ ⌉ 사전 준비

☑ 마스킹테이프로 바닥에 'ㄴ' 모양의 길을 표시해요.

☑ 아이가 발로 공을 굴리면서 앞으로 움직일 수 있는지 확인해요.

⚡ 초간단 놀이법

1. 'ㄴ' 모양의 길을 따라 발로 공을 굴리면서 앞으로 움직여요.

2. 길의 꺾인 부분을 따라 발로 공의 방향을 바꾸며 이동합니다.

✚ 공이 길 밖으로 벗어나지 않게 움직이도록 일러줍니다.

🗐 아동발달전문가의 조언

균형을 잡고 움직임을 조절하는 것은 뇌에서 소뇌가 담당하는 역할입니다. 소뇌가 발달하면 균형감각이 향상될 뿐만 아니라 빠르고 정확한 움직임을 만들어 낼 수 있지요.

이 놀이는 'ㄴ' 모양의 길을 따라 발로 공을 굴리는 활동으로 발로 공을 굴려서 길을 따라 움직이다 보면 길이 꺾이면서 방향이 바뀌는 지점을 만납니다. 시작한 지점에 따라 왼쪽 혹은 오른쪽으로 돌아야 하는데 이때 공이 길에서 벗어나지 않게 발의 움직임을 세밀하게 조절해야 합니다. 이런 놀이를 통해 아이는 소뇌에 자극을 받게 되고 균형을 유지하면서 움직이는 것을 학습할 수 있습니다. 집 안에서 코너가 있는 벽을 따라 발로 공을 굴리는 활동을 하는 것도 좋습니다. 물론 가장 좋은 방법은 놀이터에서 친구와 함께 공차기를 하면서 공을 이리저리 굴리는 것이겠지요.

감각통합&뇌 발달

'ㄴ' 모양의 길을 벗어나지 않고(시각주의력, 시각추적) 몸의 균형을 잡고 발을 세밀하게 조절하여 이동하면서(균형감각, 집중력, 움직임조절) 발로 공을 굴립니다(신체협응, 시운동협응).

운동기능	균형감각	운동계획	신체협응	움직임조절	민첩성
시지각	시각주의력	시각추적	위치지각	시각기억력	시운동협응
인지	집중력	조직화	성취감	자신감	문제해결력

숫자 듣고 점프하기

⦂ 준비물 1~6까지 숫자가 적힌 종이 6장, 셀로판테이프

QR코드로 활동
동영상을 확인하세요.

⌐ 사전 준비

☑ 아이를 중심으로 여섯 방향에 숫자가 쓰인 종이를 붙여요. 아이와 종이의 거리는 어른 손바닥 두 뼘 정도면 적당해요.

⚡ 초간단 놀이법

부모가 아이에게 숫자 하나를 불러주면 해당하는 숫자가 있는 곳으로 두발점프했다가 원래 서 있던 위치로 두발점프하여 돌아옵니다.

✚ 아이가 여러 방향으로 뛰기 어려워하면 부모가 손을 잡고 아이가 점프할 방향으로 움직임을 이끌어주세요.

 아동발달전문가의 조언

공간 안에서 방향을 아는 데는 '나'를 기준으로 사물이 어디에 있는지 파악하거나 '특정 사물'을 기준으로 다른 사물이 어디에 있는지 파악하는 두 가지 방법이 있습니다. 아이들은 먼저 내 몸을 기준으로 위, 아래, 오른쪽, 왼쪽의 개념을 알게 됩니다. 3~4세 때는 내 몸을 기준으로 위, 아래는 구분할 수 있지만 오른쪽, 왼쪽의 구분은 명확하지 않다가 6~7세가 되면 오른쪽, 왼쪽의 구분이 명확해집니다. 그러나 아직 사물을 기준으로 다른 사물과의 방향을 아는 것은 어려워하지요. 이 놀이를 할 때 주의할 점은 아이가 서 있는 곳에서 뒤에 있는 숫자로 점프해야 할 때 몸을 뒤로 돌려서 앞으로 점프하지 않아야 한다는 것입니다. 아이를 기준으로 방향을 익히는 놀이인데 뒤로 돌아서 점프를 하면 뒤쪽 방향을 인식하는 것이 아니기 때문이죠. 응용 놀이로 부모가 숫자 2~3개를 말해주면 아이가 순서대로 숫자를 기억한 후 연달아 해당 숫자로 뛰어보는 것도 좋아요.

 감각통합&뇌 발달
부모가 말해주는 숫자를 듣고(청각주의력, 말소리변별) 해당하는 위치를 찾아(시각주의력, 위치지각) 다양한 방향으로 점프합니다(균형감각, 신체협응).

운동기능	균형감각	운동계획	신체협응	움직임조절	민첩성
시지각	시각주의력	시각추적	위치지각	시각기억력	시운동협응
언어	청각주의력	말소리변별	언어이해	지시따르기	의사소통

컵으로 탁구공 옮기기

∴ 준비물 종이컵 7개(종이컵 2개는 손에 끼는 용도),
탁구공 5개, 책상 1개, 넓은 바구니 1개, 마스킹테이프

QR코드로 활동
동영상을 확인하세요.

사전 준비

☑ 책상 가운데에 마스킹테이프를 붙여 영역을 나누고 한쪽에는 종이컵 5개를
뒤집어서 두고 다른 한쪽에는 탁구공이 담긴 바구니를 둡니다.

☑ 종이컵 2개는 한 손에 하나씩 끼워 탁구공을 잡는 글러브로 사용해요.

초간단 놀이법

1. 양손에 종이컵 글러브를 끼고 종이컵 끝으로 탁구공을 잡아요.

2. 잡은 탁구공을 뒤집어 놓은 종이컵 위에 떨어지지 않게 올려요.

 아동발달전문가의 조언

두 발로 점프하기, 두 발을 굴러 자전거 타기, 정글짐 올라가기와 같은 놀이와 단추 잠그기 같은 활동의 공통점은 양측협응이 필요하다는 것입니다. 양측협응은 두 손 또는 두 발이 동시에 적절하게 움직이는 거예요. 양측협응이 중요한 이유는 좌우 움직임의 협응이 좌뇌와 우뇌의 기능 발달과 관련이 있기 때문입니다. 뇌에는 좌뇌와 우뇌를 연결하는 다리(뇌량)가 있는데 이 다리를 통해 좌뇌와 우뇌의 협응이 이루어집니다. 그리고 이 다리를 통해 서로 원활한 교통이 이루어질 때 양측협응이 만들어집니다.

이 놀이도 양측협응이 필요한 활동으로 두 손이 협응하여 동시에 같은 힘으로 공을 잡아야 공을 안정적으로 옮길 수 있습니다. 만약 아이가 종이컵 글러브를 잡고 탁구공을 잡기 어려워하면 종이컵 없이 두 손을 주먹 쥐고 탁구공을 잡는 연습을 먼저 해 봅니다.

감각통합&뇌 발달
종이컵을 두 손에 끼고 동시에 협응하여 탁구공을 잡고(신체협응, 시각주의력) 컵 위에 조심스럽게 올려놓습니다(움직임조절, 위치지각, 집중력).

운동기능	균형감각	운동계획	신체협응	움직임조절	민첩성
시지각	시각주의력	시각추적	위치지각	시각기억력	시운동협응
인지	집중력	조직화	성취감	자신감	문제해결력

감각 운동기능 시지각 언어 인지 정서 사회성

주머니 속 물건 찾기

:•: **준비물** 일상생활 물건(숟가락, 수세미, 칫솔, 동전, 탁구공 등) 7~10개,
큰 주머니(또는 불투명한 비닐봉지) 1개

⌐ ⌐ 사전 준비

☑ 주머니 안에 일상생활 물건을 넣어요. 뾰족하지
않으면서 모양과 질감이 다양하면 좋아요.

☑ 아이에게 눈으로 보지 않고 주머니 안에서
물건을 만져서 찾는 규칙을 일러줍니다.

⚡ 초간단 놀이법

부모가 찾을 물건을 말해주면 아이는 주머니 안에 손을 넣어 다양한 물건을 만져보며 해당하는 물건을 찾아 꺼내요.

☰ 아동발달전문가의 조언

이 놀이는 시각을 차단하고 촉각을 이용하여 부모가 말한 물건을 주머니 안에서 찾는 활동입니다. 주머니 안에 넣을 물건은 아이가 일상생활에서 접해본 물건 중에서 크기 차이가 많이 나지 않는 것으로 준비하는 것이 좋습니다. 또 6~7세의 경우 주머니 안 물건의 개수가 너무 많으면 집중력이 떨어져 찾기 어렵고, 여러 번 틀리면 의욕이 떨어질 수 있으니 물건의 개수는 7~10개 정도가 적당합니다. 만약 아이가 보이지 않는 주머니에 손을 넣는 것을 무서워하면 주머니 안에 들어있는 물건을 미리 보여주고 다시 시도해 보세요. 또 촉각 변별을 어려워하면 물건을 한 쌍으로 준비해서 부모가 하나를 먼저 보여주고 같은 물건을 주머니에서 찾게 해도 됩니다. 난도를 높여 재질(소재)은 같고 모양만 다른 것으로 주머니 속 물건 찾기를 변형해도 좋습니다.

감각통합&뇌 발달

눈으로 보지 않고 주머니에 손을 넣어서 어떤 물건인지 변별하여(촉각) 부모가 말한 물건을(청각주의력, 언어이해) 찾아 꺼냅니다.

감각	촉각	청각	전정감각	고유수용성	시각
언어	청각주의력	말소리변별	언어이해	지시따르기	의사소통
사회성	적응력	상호작용	협동심	규칙이해	사회적기술

몸으로 베개 옮기기

⦂⦂ 준비물 작은 베개(또는 작은 쿠션) 1개, 놀이매트

⌐⌐ 사전 준비

☑ 아이는 매트 위에 천장을 보고 눕고 작은 베개는 아이의 발 아래쪽에 둡니다.

☑ 누운 자세에서 다리를 위로 올렸다 내릴 수 있는지 확인해요.

⚡ 초간단 놀이법

1. 누운 자세에서 발로 베개를 잡아 위로 들어올려요.

2. 위로 올린 베개를 손으로 잡아서 머리 위쪽으로 옮겨요.

✚ 베개 옮기기를 어려워하면 베개 없이 동작을 하나씩 나누어 연습해 봅니다.

🗐 아동발달전문가의 조언

아이의 운동능력은 위에서 아래 방향으로 발달합니다. 그래서 가장 먼저 머리를 가눌 수 있게 되고, 어깨와 팔에 힘이 생긴 후에 앉고 걸을 수 있지요. 또한 몸의 중심에서 말초쪽(몸의 끝쪽)으로 발달하여 코어근육(중심근육)에 힘이 생긴 후에 손과 발을 사용하게 됩니다. 이러한 운동발달의 순서대로 대근육 발달이 탄탄하게 이루어진 이후에 정교하고 세밀한 소근육 발달이 본격적으로 이루어집니다. 따라서 6세 아이라면 아이가 몸의 중심근육으로 균형을 잡고 어깨와 팔을 사용하여 공을 던지고 받고, 점프를 할 수 있을 정도로 대근육이 충분히 발달했는지 살펴봐야 합니다.

이 놀이는 발부터 머리까지 전신을 사용하는 대근육 운동으로 몸의 코어근육을 강화하는 데 효과적입니다. 바닥에서 등이 많이 뜨지 않도록 주의하고 아이가 다리를 올렸다 내리기 어려워하면 아이의 등 아래에 베개를 깔고 다시 시도하게 해주세요.

감각통합&뇌 발달
누운 자세에서 두 발로 베개를 잡은 후 코어근육에 힘을 주어 다리를 올려(고유수용성, 움직임조절) 발에서 손으로, 손에서 머리로 베개를 옮깁니다(운동계획, 신체협응).

감각	촉각	청각	전정감각	고유수용성	시각
운동기능	균형감각	운동계획	신체협응	움직임조절	민첩성
인지	집중력	조직화	성취감	자신감	문제해결력

바닥 뜀틀

⦂⦂ 준비물 원마커(또는 색종이) 4개

QR코드로 활동
동영상을 확인하세요

사전 준비

☑ 원마커는 어른 손바닥 두 뼘 정도 간격으로 길게 늘어놓습니다.

☑ 아이가 제자리에 쪼그려 앉았다 위로 점프할 수 있는지 확인해요.

초간단 놀이법

1. 두 손으로 원마커를 짚고 바닥에 엉덩이가 닿지 않게 쪼그려 앉아요.

2. 다음 원마커를 두 손으로 짚는 동시에 두 다리를 끌어당겨 앞으로 점프해요.

이 시기의 아이들이 놀이터에 있는 정글짐이나 사다리를 오르내릴 때 모습을 살펴보면 팔에 힘을 주어 봉을 잡은 후에 다리를 움직이지요. 그런데 어떤 아이는 정글짐을 쉽게 오르내리는 반면 어떤 아이는 정글짐에 오르는 것을 무서워하며 거부하기도 해요. 물론 아이마다 좋아하는 놀이기구가 다르지만 정글짐과 같은 놀이기구를 힘들어하는 아이는 팔과 다리에 힘을 주는 것이 어렵거나 다음 단계의 움직임을 예측하는 것이 미숙할 수 있어요. 정글짐을 오를 때 팔만 계속 움직이거나 다리만 계속 움직이는 것이 아니라 팔을 한쪽씩 교대로 움직이고 바로 이어서 다리를 교대로 움직여야 하기 때문이죠.

바닥 뜀틀 놀이에서는 두 팔이 동시에 움직이고 그 다음에 두 다리가 동시에 움직여야 하는데 순서가 바뀌거나 양쪽이 동시에 움직이지 못하면 자세를 만들 수 없어요. 만약 이 놀이를 할 때 아이의 팔과 다리의 힘이 부족해 보이면 먼저 곰처럼 네 발로 걷기, 손수레 걷기와 같은 놀이를 하는 것이 도움이 됩니다. 또는 팔과 다리를 순차적으로 움직이는 것을 어려워하면 낮은 정글짐이나 경사가 완만한 사다리를 올라가는 것부터 연습하게 도와주세요.

감각통합&뇌 발달
두 손을 짚고 동시에 두 다리를 앞으로 당겨서(운동계획. 신체협응) 바닥 뜀틀을 해 봅니다(성취감, 자신감, 놀이경험).

운동기능	균형감각	운동계획	신체협응	움직임조절	민첩성
인지	집중력	조직화	성취감	자신감	문제해결력
정서	정서적안정	놀이경험	감정표현	감정조절	자기조절력

사방치기

준비물 사방치기판(또는 마스킹테이프) 1개, 콩주머니 1개

QR코드로 활동
동영상을 확인하세요.

사전 준비

☑ 콩주머니를 들고 사방치기판 앞에 서요.

✚ 사방치기에 대해 잘 모르면 부모가 함께 놀며 규칙을 알려주세요.

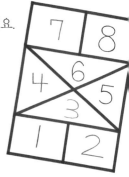

초간단 놀이법

1. 사방치기판 앞에서 숫자 칸에 콩주머니를 던져요. 한 번에

하나씩, 1부터 8까지의 숫자 칸에 순서대로 던져 넣어야 해요.

2. 숫자 순서대로 한 발로 점프해서 이동하되 콩주머니를 던진 숫자 칸은 밟으면 안 돼요.

3. 1 & 2, 4 & 5, 7 & 8처럼 숫자가 양쪽에 있는 곳에서는 양발로 디뎌요. 만약 둘 중 하나에 콩주머니가 있다면 한 발로 디뎌야 해요.

4. 7 & 8에 도착하면 제자리에서 양발을 벌려 뒤로 돌아 뛰어요.

5. 출발점으로 돌아올 때 콩주머니를 주워서 돌아와요.

☰ 아동발달전문가의 조언

사방치기는 여러 명이 실외, 실내 모두에서 할 수 있는 놀이로 놀이 방법과 규칙을 익혀야 재미있게 놀 수 있습니다. 금을 밟지 않고 한발점프로 이동하려면 균형 감각이 좋아야 하며 운동계획을 잘 세우고 수행해야 하지요. 이렇듯 사방치기는 운동계획능력이 좋아지는 놀이입니다. 규칙을 어느 정도 익혔다면 사방치기는 친구들과 함께하는 것이 훨씬 재미있어요. 친구의 콩주머니가 있는 숫자 칸도 밟으면 안 되기 때문에 더 집중해서 움직여야 하고 친구가 움직일 때 금을 밟지는 않는지 유심히 관찰하면서 건강한 경쟁심도 생기니까요.

감각통합&뇌 발달

콩주머니를 사방치기판의 숫자 칸에 던지고(시운동협응) 어떤 숫자를 밟고 이동할지 계획해서(위치지각, 운동계획) 두발점프 또는 한발점프로(균형감각) 움직입니다(놀이경험).

운동기능	균형감각	운동계획	신체협응	움직임조절	민첩성
시지각	시각주의력	시각추적	위치지각	시각기억력	시운동협응
정서	정서적안정	놀이경험	감정표현	감정조절	자기조절력

4세~6세
뇌 자극·감각통합에 효과적인 4주 홈프로그램

발달 영역	1주	2주
균형 발달	훌라후프 허들 넘기(184쪽) 4세	발등으로 콩주머니 옮기기(202쪽) 4세
중심근육 발달	푸시업 자세로 한 손 들기(204쪽) 4세	손수레 걷기(206쪽) 4세
움직임 조절 발달	색종이 터널로 공 굴리기(192쪽) 4세	풍선 위로 치며 앞으로 걷기(196쪽) 4세
양측협응 발달	개구리 점프·토끼 점프(180쪽) 4세	앞으로 콩콩콩 뛰기(208쪽) 5세

266

감각통합치료사 선생님이 제시하는 4주 홈프로그램입니다.
주차별 놀이를 주5회 하루 20분씩 재미있게 해 보세요.

*활동 사진에 표시한 나이는 활동 권장 나이입니다.

발달 영역	3주	4주
균형 발달	쿠션에 서서 공 줍기(222쪽) 5세	움직이는 훌라후프로 뛰기(246쪽) 6세
중심근육 발달	두 발로 휴지 탑 쌓기(226쪽) 5세	몸으로 베개 옮기기(260쪽) 6세
움직임 조절 발달	과녁 맞히기(236쪽) 5세	훌라후프 따라 공 굴리기(250쪽) 6세
양측협응 발달	누워서 외줄 오르기(220쪽) 5세	바닥 뜀틀(262쪽) 6세

7세~8세 두뇌 자극 몸 놀이

초기 학령기(7세~8세)

초기 학령기는 다양한 환경에서 배우고 경험한 모든 감각 정보가 하나로 통합되어 산출되는 시기입니다. 잘 조직화한 감각은 지적 기능으로 발달하여 집중력과 자존감, 자아조절, 자신감을 느끼게 되지요. 이는 학습과 일상생활의 기반이 됩니다. 또한 감각통합이 잘 이루어진 아이는 사회생활도 원만하게 이루어져 친구들과의 소통도 원활합니다.

만약 이 시기에 중요한 감각이 제대로 통합되지 않으면 아래와 같은 어려움을 보일 수 있습니다. 아이가 혹시 이러한 어려움을 보이는지 확인해 보세요.

☐ 지금 하고 있는 것보다 주변 소리에 더 신경쓰는 것 같아요.
☐ 자기 방에 물건을 늘어놓고 정리하기를 어려워해요.
☐ 참을성이 없어서 기다리기 힘들어하고 주어진 활동을 끝까지 하기 어려워해요.
☐ 단체 활동을 할 때 규칙을 따르기 이려워해요.
☐ 감정조절이 서툴러 다른 사람에게 쉽게 화를 내는 편이에요.
☐ 글자와 숫자를 배우는 데 시간이 오래 걸리고 읽고 쓰기를 어려워해요.
☐ 자전거 타기나 줄넘기와 같이 협응력이 필요한 운동을 하기 어려워해요.

감각　　운동기능　　시지각　　언어　　인지　　정서　　사회성

책 피해서 점프하기

⠇ 준비물　얇은 두께의 동화책 5권

QR코드로 활동
동영상을 확인하세요.

⌐⌐ 사전 준비

☑ 어른 걸음으로 2보 떨어져서 마주 보고 섭니다. 책은 부모 주변에 둡니다.

⚡ 초간단 놀이법

1. 부모는 아이의 왼쪽, 오른쪽 방향으로 책을 밀어서 보내요.

2. 아이는 책이 오는 방향에 따라 좌우로 움직인 뒤 두발점프하여 책을 피해요.

이 시기 아이에게는 몸의 각 부분이 서로 협력하여 매끄럽고 효율적으로 움직이는 협응 움직임이 필요합니다. 신체협응은 글씨를 쓰거나 자전거 타기 등 일상생활에서 중요한 기능을 합니다. 이 능력은 환경의 영향을 받으면서 발달하는데 순발력, 유연성, 민첩성, 지구력의 기반이 됩니다. 그런데 협응은 각각의 근육의 움직임이 아무리 뛰어나더라도 서로 유기적인 협력이 일어나지 않으면 필요한 기능을 만들기 어렵습니다.

이 놀이에서 환경은 부모가 밀어서 움직이는 책입니다. 아이가 두 발의 협응이 안 되거나 눈과 발의 협응이 어려우면 책이 가까이 왔을 때 두 발을 모아 점프할 수 없어서 책을 피하기 어렵습니다. 또한 첫 번째 책을 넘은 후에 바로 다음 책을 보고 점프할 준비를 해야 하는데 이때 부모가 책을 밀어주는 방향을 고려하지 않으면 역시 피하기 어렵습니다. 그만큼 운동협응이 중요합니다.

만약 아이가 제자리에서 두발점프는 잘하는데 타이밍이 맞지 않아서 책을 피해 넘는 걸 어려워하면 책을 미는 속도를 조절하거나 아이에게 언어적 힌트(지금이야, 뛰어)를 주도록 합니다.

감각통합&뇌 발달
부모가 책을 밀어주는 위치를 보고(시각주의력) 좌우로 이동하여(위치지각) 책이 가까워졌을 때(시각추적) 두 발로 점프하여 책을 뛰어넘습니다(민첩성, 신체협응).

운동기능	균형감각	운동계획	신체협응	움직임조절	민첩성
시지각	시각주의력	시각추적	위치지각	시각기억력	시운동협응
인지	집중력	조직화	성취감	자신감	문제해결력

감각 　운동기능 　시지각 　언어 　인지 　정서 　사회성

함께 종이컵 성 쌓기

∷ 준비물 종이컵 6개, 종이컵을 옮길 때 사용할 두꺼운 고무 밴드 1개, 끈이나 리본 4줄, 마스킹테이프, 책상

QR코드로 활동
동영상을 확인하세요.

⌐⌐ 사전 준비

☑ 마스킹테이프를 이용하여 책상을 반으로 나누고 한쪽에는 종이컵을 둡니다.

☑ 고무 밴드에 끈을 묶어 사진처럼 만들어서 준비해요.

☑ 책상 앞에 마주 보고 서서 고무 밴드에 연결된 끈을

두 사람이 각각 한 손에 하나씩 잡아요.

1. 부모와 함께 고무 밴드에 달린 끈을 당겼다 놓으며 종이컵을 잡아요.

2. 잡은 종이컵을 책상의 비어 있는 쪽으로 하나씩 옮겨요. 종이컵 옮기기가 익숙해지면 차례로 올려서 성을 쌓아요.

💬 아동발달전문가의 조언

부모와 함께 노는 활동 자체가 즐거웠던 이전 시기와는 다르게 이 시기 아이는 공동의 목표를 갖는 협동 놀이를 통해 함께 노는 즐거움을 느끼며 협동심을 배우게 됩니다. 또한 놀이 과정에서 자기의 역할을 수행하며 책임감을 경험합니다. 이 놀이는 고무 밴드를 두 사람이 함께 조절해 종이컵을 옮기고 성을 쌓아야 하니 여러 갈등이 생길 수 있습니다. 아이가 고무 밴드를 잘 조절해도 부모와 아이의 힘 차이로 종이컵 모양이 변하거나 종이컵 성이 무너질 수 있지요. 힘의 세기가 안 맞았을 때 "하나, 둘, 셋" 하면 함께 내려놓자고 제안할 수도 있고, 종이컵을 모두 옮긴 후에 종이컵 성을 쌓자고 제안할 수도 있어요. 협동 놀이에서는 무엇보다 갈등상황에서 문제를 해결하는 방법을 배우는 것이 중요합니다.

감각통합&뇌 발달
부모와 함께(상호작용) 고무 밴드를 당겨서 종이컵을 잡고 팔과 손의 움직임을 세밀하게 조절하여(움직임조절) 함께 종이컵 성을 쌓습니다(시각주의력, 시운동협응, 협동심).

운동기능	균형감각	운동계획	신체협응	움직임조절	민첩성
시지각	시각주의력	시각추적	위치지각	시각기억력	시운동협응
사회성	적응력	상호작용	협동심	규칙이해	사회적기술

지그재그 공 불기

:: **준비물** 마스킹테이프, 폼폼 1개

QR코드로 활동
동영상을 확인하세요.

사전 준비

☑ 마스킹테이프로 바닥에 지그재그 길을 만들어요. 지그재그로 꺾이는 선의 길이는 어른 손바닥 두 뼘 정도면 적당해요.

초간단 놀이법

1. 지그재그 길의 한쪽 끝에서 입으로 폼폼을 불어 길을 따라 이동시켜요.

➕ 폼폼이 손바닥 한 뼘 이상 선 밖으로 벗어나면 처음부터 다시 시작하는 규칙

을 만들어도 좋아요.

2. 이렇게 폼폼을 불어서 지그재그 길의 반대쪽 끝까지 이동시켜요.

📋 아동발달전문가의 조언

자기조절력은 자신의 감정과 행동을 조절하고 집중하는 능력입니다. 해야 하는 것을 위해 하고 싶은 것을 참고, 하기 싫고 힘든 것도 하게 하는 힘이지요.

이 놀이는 가볍고 작은 폼폼을 입으로 불어 정해진 길을 따라 옮기는 활동입니다. 폼폼의 특성상 너무 세게 불면 선 밖으로 나가고, 너무 약하게 불면 움직이지 않습니다. 그래서 생각만큼 조절이 잘 안 되면 입보다 편한 손을 사용해서 옮기고 싶을 수도 있고 그만하고 싶을 수도 있어요. 이러한 충동적인 마음을 누르고 입으로 부는 세기를 조절하여 길을 따라 움직이는 과정을 통해 자기조절력이 발달하게 됩니다.

감정을 억누르다 보면 마음에 분노가 쌓여서 나중에 충동적인 모습을 보일 수도 있으니 평소 자기조절력을 기르는 놀이를 통해 아이가 힘들고 부정적인 감정을 인식하고 잘 다뤄내는 경험을 쌓는 게 좋습니다.

감각통합&뇌 발달
지그재그로 표시된 길을 보고(시각주의력, 위치지각) 몸을 낮춰서(움직임조절) 폼폼을 입으로 불어서 길 끝까지 이동시켜요(시운동협응, 자기조절력).

운동기능	균형감각	운동계획	신체협응	움직임조절	민첩성
시지각	시각주의력	시각추적	위치지각	시각기억력	시운동협응
정서	정서적안정	놀이경험	감정표현	감정조절	자기조절력

감각 운동기능 시지각 언어 인지 정서 사회성

막대로 공 조준하여 치기

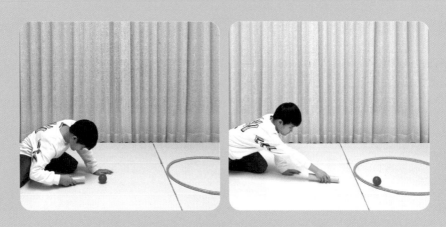

●● **준비물** 키친타월심 1개, 볼풀공 4개, 훌라후프 1개

QR코드로 활동
동영상을 확인하세요.

사전 준비

☑ 아이는 키친타월심을 잡고 앉아요.

☑ 훌라후프는 아이가 앉은 곳에서 어른 걸음 2보 정도 거리에 두고 볼풀공은
아이의 오른손(우세손) 쪽에 놓아요.

초간단 놀이법

1. 바닥에 몸을 낮춘 뒤 당구하듯이 키친타월심을 잡고 공을 조준합니다.

✚ 공이 원하는 방향과 거리로 갈 수 있도록 미리 여러 번 연습해도 좋아요.

2. 훌라후프 안으로 공이 들어가게 막대로 공을 힘껏 밀어요.

🗨 아동발달전문가의 조언

아이가 집중력이 부족한 건지, 주의력이 부족한 건지 구분이 안 될 때가 있을 겁니다. 주의력과 집중력에는 분명한 차이가 있습니다. 주의력은 현재 필요한 것에 관심을 두는 힘으로 여러 자극 중에서 가장 필요한 것에 의식적으로 관심을 기울이는 능력입니다. 집중력은 하나에 몰두하는 힘으로 집중할 대상에만 에너지를 쏟는 능력입니다. 주의력과 집중력은 아이에게 필요한 인지적 요소이니 어떤 능력이 부족한지 정확히 파악해야 합니다.

이 놀이는 주의력이 부족하면 활동 자체를 시작하기 어렵고, 주의력이 있어도 막대로 공을 쳐서 훌라후프에 넣는 것에 에너지를 모으지 못하면 공을 훌라후프 안으로 넣지 못합니다. 이런 경우가 주의력은 있는데 집중력이 부족한 경우입니다. 뇌는 주의를 기울이는 것을 기억하고 이것이 긍정적인 학습 태도로 이어지니 이러한 놀이로 주의력과 집중력을 기르는 게 좋습니다.

감각통합&뇌 발달

바닥에 몸을 낮추고(움직임조절, 신체협응) 막대를 잡고 볼풀공을 조준하여(시각주의력, 집중력) 훌라후프 안에 들어가도록 적절한 세기로 밀어요(시운동협응, 성취감).

운동기능	균형감각	운동계획	신체협응	움직임조절	민첩성
시지각	시각주의력	시각추적	위치지각	시각기억력	시운동협응
인지	집중력	조직화	성취감	자신감	문제해결력

감각 운동기능 시지각 언어 인지 정서 사회성

배에 콩주머니 올려 옮기기

⠿ 준비물 콩주머니 1개, 놀이매트

QR코드로 활동
동영상을 확인하세요.

⌐⌐ 사전 준비

☑ 앉은 자세에서 등 뒤로 두 손을 짚고 엉덩이를 위로 들어서 게걸음 자세(거꾸로 네발기기)를 만들어요.

☑ 이 자세를 안정적으로 10초간 유지할 수 있는지 확인해요.

⚡ 초간단 놀이법

1. 아이가 게걸음 자세를 만들면 배 위에 콩주머니를 올려줍니다.

2. 배에 올린 콩주머니가 떨어지지 않게 뒤로, 앞으로 5걸음 이동해요.

🗨 아동발달전문가의 조언

몸에 힘이 덜 들어가는 활동과 큰 힘이 들어가는 활동은 어떤 차이가 있을까요? 단순히 힘의 차이라고 생각할 수 있지만 고유수용성감각의 차이로 설명할 수 있어요. 힘든 활동(heavy work)은 근육과 관절에 큰 저항을 주는 활동을 말하는데 이러한 활동은 몸의 신경체계를 조직화하고 안정된 상태를 만드는 데 도움을 줍니다. 이 놀이는 게걸음 자세를 유지하면서 배 위의 콩주머니도 떨어뜨리지 않아야 하기 때문에 힘든 활동에 속합니다. 게걸음 자세로 이동하려면 체중을 손과 발로 버텨야 하기 때문에 관절과 근육에 힘이 들어가고 뇌로 고유수용성감각이 입력됩니다. 입력된 고유수용성감각은 신체를 인식하게 하고 움직임의 정도를 조절하고 계획하게 합니다. 이 과정이 잘 이루어져야 배 위에 올린 콩주머니를 떨어뜨리지 않으면서 이동할 수 있습니다. 이러한 움직임은 적절한 각성수준도 유지하게 하여 에너지가 넘치고 산만한 아이에게 도움이 됩니다. 단, 손목과 발목으로 체중을 지지하고 움직이니 관절에 무리가 되지 않도록 주의해야 해요.

감각통합&뇌 발달

게걸음 자세로 균형을 잡고(전정감각, 고유수용성, 균형감각) 배 위에 올린 콩주머니가 떨어지지 않게 팔과 다리의 움직임을 조절하여 뒤로, 앞으로 이동합니다(움직임조절, 신체협응).

감각	촉각	청각	전정감각	고유수용성	시각
운동기능	균형감각	운동계획	신체협응	움직임조절	민첩성
인지	집중력	조직화	성취감	자신감	문제해결력

슈퍼맨 자세로 공 받기

준비물 볼풀공 6개, 넓은 바구니 2개, 놀이매트

사전 준비

☑ 아이는 놀이매트 위에 배를 대고 엎드리고 부모는 어른 걸음으로 2보 간격을 두고 아이와 마주 보고 앉아요. 볼풀공이 담긴 바구니는 부모 주변에 둡니다.

☑ 두 팔과 두 다리를 동시에 들어올려 10초간 안정적으로 슈퍼맨 자세를 유지할 수 있는지 확인해요.

슈퍼맨 자세에서 바구니를 두 손으로 들고 부모가 던져주는 공을 받아요.

📑 아동발달전문가의 조언

엎드려서 팔과 다리를 들어올리는 슈퍼맨 자세를 적절하게 만들고 유지하려면 중력에 대항하여 등근육을 전체적으로 펼 수 있어야 해요. 따라서 슈퍼맨 자세는 우리 몸의 무게중심을 지지해주는 코어근육(중심근육)과 허리를 곧게 펴주는 등근육을 단단하게 만들어줍니다.

아이들에게 이 자세가 왜 도움이 될까요? 가슴을 펴고 상체를 곧게 세워 바르게 앉은 자세와 거북목으로 구부정하게 앉은 자세의 차이를 떠올려보세요. 코어근육과 등근육은 바른 자세를 만들기 위해 필수일 뿐만 아니라 학습 능력과 직결되는 집중력과 깊은 관련이 있어요. 특히 코어근육에는 감각을 받아들이는 수용체가 밀집해 있어서 이 근육을 자극하면 뇌로 전달되는 자극이 활성화됩니다. 평소 한 자리에 오래 앉아 있기 어려워하거나 집중력이 부족한 아이에게 특히 좋은 자세입니다.

감각통합&뇌 발달

아이는 두 팔과 두 다리를 동시에 들어올려 슈퍼맨 자세를 유지하면서 (균형감각, 신체협응) 부모가 던져주는 공을 보고(시각추적) 바구니로 받습니다(집중력, 시운동협응, 성취감).

운동기능	균형감각	운동계획	신체협응	움직임조절	민첩성
시지각	시각주의력	시각추적	위치지각	시각기억력	시운동협응
인지	집중력	조직화	성취감	자신감	문제해결력

풍선 대포 놀이

:: 준비물 아래쪽에 풍선을 끼운 종이컵(풍선 대포) 1개,
셀로판테이프, 종이컵 6개, 탁구공 6개, 넓은 바구니 1개,
높이가 다른 책상이나 의자 등

사전 준비

☑ 풍선의 꼭지를 묶은 후 위쪽 반을 잘라요.

☑ 종이컵 하나의 바닥을 오려 낸 후 그 바닥면에 자른

풍선을 벌려 끼워서 풍선 대포를 만들어요.

☑ 한쪽에 높이가 다른 책상이나 의자를 놓고 그 위에 종이컵을

뒤집어서 올려놓아요. 아이는 어른 걸음으로 2보 정도 거리를 두고 앉아요.

1. 풍선 대포 안에 탁구공을 넣고 종이컵을 향해 풍선 꼭지를 당겼다 놓아 풍선 대포를 쏘아요. 부모가 시범을 보여주면 좋아요.

2. 탁구공으로 종이컵을 맞혀 모두 넘어뜨려요.

✚ 아이가 종이컵을 조준하여 쏘기 어려워하면 거리를 좁혀서 다시 시도해요.

📋 아동발달전문가의 조언

이 놀이는 풍선 대포 안에 탁구공을 넣고, 대포를 쏠 종이컵의 위치를 본 후, 풍선 꼭지를 당겼다 놓아 탁구공으로 종이컵을 맞히는 활동입니다. 이러한 일련의 과정이 순서대로 이루어져야 합니다. 이 놀이처럼 목표물을 두고 거리와 높이를 조준하여 맞히는 놀이는 긴 집중력을 필요로 하고 목표물과의 거리가 멀어질수록 시각-운동협응력이 더 많이 요구됩니다.

종이컵 안에 탁구공 대신 색종이 조각을 넣고 풍선 대포를 쏘면 또 다른 즐거운 놀이가 됩니다. 종이컵 대신에 입구가 좁은 페트병을 잘라서 풍선을 끼우면 공기 대포가 되어 촛불을 끄는 놀이를 할 수도 있어요.

감각통합&뇌 발달
종이컵의 위치, 높이, 거리를 고려하여(시각주의력, 위치지각) 종이컵을 향해 풍선 대포를 쏩니다(집중력, 시운동협응, 놀이경험).

시지각	시각주의력	시각추적	위치지각	시각기억력	시운동협응
인지	집중력	조직화	성취감	자신감	문제해결력
정서	정서적안정	놀이경험	감정표현	감정조절	자기조절력

탄력밴드 대결하기

⋮ 준비물 동그랗게 묶은 탄력밴드 1개, 종 2개, 의자 2개

⌐⌐ 사전 준비

☑ 의자는 어른 걸음 3보 간격으로 벌려놓고 위에 종을 올려둡니다.

➕ 종이 없으면 잡을 수 있는 작은 물건을 놓아도 됩니다.

☑ 아이와 부모는 함께 탄력밴드를 허리에 감고 의자 사이에 등지고 서요.

☑ 탄력밴드의 저항을 이기며 안정적으로 서 있을 수 있는지 확인해요.

➕ 시작 신호가 들리면 앞으로 빠르게 움직여서 상대보다 먼저 종을 치는 규칙
을 일러줍니다.

시작 신호가 들리면 동시에 반대 방향으로 빠르게 움직여서 종을 쳐요.

✚ 탄력밴드의 탄성을 확인하고 강하거나 약한 걸로 바꿔서 놀이해요.

🗨 아동발달전문가의 조언

이 놀이는 탄력밴드의 저항을 이기면서 움직이는 활동으로 부모와 함께하는 경쟁놀이입니다. 하나의 탄력밴드로 부모와 연결되어 있기 때문에 아이는 부모가 당기는 힘을 직접 느낄 수 있습니다. 상대의 힘을 느끼면서 힘의 세기를 조절하는 활동은 정교한 움직임을 하는 데 도움이 되고 타인과의 상호작용을 경험할 수 있어서 좋습니다.

놀이의 난도를 높이려면 탄력밴드의 길이를 짧게 해서 저항을 높이거나 의자에 도달하는 거리를 넓혀서 힘을 더 오래 유지할 수 있게 합니다. 탄력밴드는 탄성을 이용하여 관절에 무리 없이 다양한 움직임을 하는 데 좋은 도구입니다. 이 놀이에서 활용한 방법 외에도 가벼운 스트레칭을 할 때도 도움이 되고 두 손으로 탄력밴드를 당기며 팔의 힘을 기를 수도 있으니 갖춰두길 권합니다.

감각통합&뇌 발달

부모와 함께(상호작용) 상체를 앞으로 숙이고 탄력밴드의 저항을 이기며 앞으로 나아가서(균형감각, 신체협응) 빠르게 종을 칩니다(민첩성, 성취감, 규칙이해).

운동기능	균형감각	운동계획	신체협응	움직임조절	민첩성
인지	집중력	조직화	성취감	자신감	문제해결력
사회성	적응력	상호작용	협동심	규칙이해	사회적기술

감각　운동기능　시지각　언어　인지　정서　사회성

물건 멀리 밀기

●● **준비물**　일상생활 물건(물티슈, 휴지, 리모컨, 병뚜껑 등) 1개씩,
　　　　　긴 책상, 넓은 바구니 1개

QR코드로 활동
동영상을 확인하세요.

⌐⌐ 사전 준비

☑ 아이와 부모가 함께 집 안 곳곳에 있는 물건을 골라요. 굴러가지 않는 물건으
로 아이가 직접 고르면 더 좋아요.

☑ 편평한 책상을 가운데 놓고 아이와 고른 물건은 바구니에 모아 옆에 둡니다.

⚡ 초간단 놀이법

책상 한쪽 끝에 물건 하나를 올리고 책상 밖으로 물건이 떨어지지 않게 힘을 조절하여 밀어요.

✚ 큰 물건으로 시작하여 미는 것에 익숙해지면 작은 물건으로 해 봅니다.

💬 아동발달전문가의 조언

이 놀이는 가정에 있는 다양한 물건을 책상 위에 올려놓고 힘을 조절하여 앞으로 미는 활동입니다. 미는 힘을 조절하지 못하면 물건이 책상 밖으로 떨어질 수 있고, 직선으로 밀지 못하면 책상 옆으로 떨어질 수 있어요. 놀이 과정에서 다양한 물건을 밀어보면서 어떤 물건이 가장 멀리 움직이는지 생각하게 되고, 밀기 적당한 물건을 찾으면서 물건의 성질을 이해할 수 있어요. 예를 들어 크기가 큰 물건을 밀 때와 마찰이 센 물건을 밀 때 필요한 힘의 차이를 느낄 수 있지요. 이처럼 물건의 성질을 알고 각각의 특징에 따라 손의 힘을 조절하는 것은 손으로 물건을 조작하는 데 꼭 필요한 능력입니다. 손의 힘 조절이 안 되면 종이접기를 할 때 종이가 찢어질 수 있고, 색칠할 때는 도안 밖으로 벗어나게 되니까요. 응용 놀이로 책상 밖으로 떨어뜨리지 않고 서로의 물건보다 더 멀리 보내는 대결을 해도 좋아요.

감각통합&뇌 발달
놀이의 규칙을 이해하고(규칙이해) 물건이 책상 밖으로 떨어지지 않게 적절한 세기로(움직임조절) 물건을 밀어냅니다(놀이경험).

운동기능	균형감각	운동계획	신체협응	움직임조절	민첩성
정서	정서적안정	놀이경험	감정표현	감정조절	자기조절력
사회성	적응력	상호작용	협동심	규칙이해	사회적기술

고리 펜싱

QR코드로 활동
동영상을 확인하세요.

준비물 긴 막대(또는 신문지 막대) 1개,
고리(또는 가운데를 오려 낸 종이접시) 4개

사전 준비

☑ 아이는 막대를, 부모는 고리를 들고 어른 걸음으로 3보 거리에 떨어져 섭니다.

➕ 적당한 막대가 없다면 신문지를 길게 꼭꼭 말아서 사용하고, 고리 대신 종이

접시 가운데를 오려 내어 사용해도 됩니다.

초간단 놀이법

1. 아이는 서서 펜싱 자세를 취한 후 막대를 들어 고리를 받을 준비를 해요.

2. 부모가 고리를 던져주면 팔과 다리를 동시에 쭉 뻗어서 고리를 받아요.

📋 아동발달전문가의 조언

펜싱 경기를 보면 긴 검을 들고 상대의 신체 부위를 빠르게 찌르지요. 얼핏 보면 검을 쥔 손만 보이지만 잘 보면 다리를 앞뒤로 민첩하게 움직이며 공격합니다. 이 놀이도 펜싱 동작과 비슷하게 막대를 들고 고리를 받을 준비를 해야 합니다. 부모가 언제 고리를 던질지, 어떤 위치로 던질지 예측하면서 우세다리를 앞으로 내밀고 자세를 살짝 낮춰야 합니다. 이러한 행동을 적응행동(적응반응)이라고 합니다. 여러 가지 감각경험에 의해 목적에 맞는 필요한 반응을 보이거나 행동하는 것입니다.

이 놀이가 처음이거나 이와 유사한 놀이를 해 본 경험이 없으면 두 발은 옆으로 나란히 놓고 팔만 앞으로 뻗을 거예요. 그러나 이 자세에서는 팔을 앞으로 뻗는데 한계가 있습니다. 아이들의 뇌는 이전의 경험을 기반으로 자세를 잡고 운동계획을 세웁니다. 따라서 한 가지 도구를 다양한 방법으로 활용해 보거나 자세에 변화를 주어 놀이를 통해 운동계획능력을 키우는 게 좋습니다.

감각통합&뇌 발달
부모가 던져주는 고리를 보고(시각추적) 막대를 잡은 팔과 한쪽 다리를 쭉 뻗어(움직임조절) 고리를 막대로 받습니다(신체협응, 시운동협응).

운동기능	균형감각	운동계획	신체협응	움직임조절	민첩성
시지각	시각주의력	시각추적	위치지각	시각기억력	시운동협응
인지	집중력	조직화	성취감	자신감	문제해결력

움직이는 바구니에 공 넣기

:: **준비물** 볼풀공 8개, 크고 깊은 바구니(움직이는 바구니용) 1개,
넓은 바구니(볼풀공을 담을 바구니) 1개, 두꺼운 끈

QR코드로 활동
동영상을 확인하세요.

⌐⌐ 사전 준비

☑ 깊은 바구니는 끈을 매달아 준비하고 넓은 바구니에는 볼풀공을 담습니다.

☑ 아이는 무릎서기 자세로 앉고 볼풀공이 담긴 넓은 바구니는 아이의 오른손
(우세손) 쪽에 놓아요.

☑ 아이에게 움직이는 바구니 안으로 공을 넣는 규칙을 일러줍니다.

⚡ 초간단 놀이법

1. 부모는 깊은 바구니의 끈을 당겨 바구니를 움직여요.

2. 아이는 움직이는 바구니를 향해 공을 던져서 넣어요.

✚ 아이가 공을 넣기 어려워하면 바구니를 움직이는 속도를 조절해 주세요.

💬 아동발달전문가의 조언

이 놀이를 할 때 움직이는 바구니에 공을 최대한 많이 넣으려면 자신과 바구니와의 거리, 속도, 방향 등을 빠르게 파악하여 공을 던지는 동작과 힘의 세기를 조절해야 합니다. 바구니가 가까이 있을 때는 팔꿈치만 펴서 살짝 던져도 되지만 바구니가 멀어졌을 때는 어깨를 뒤로 해서 힘껏 던져야 공을 넣을 수 있기 때문이죠. 그 과정에서 시각추적과 위치지각 능력을 키울 수 있습니다.

또한 볼풀 바구니에서 공을 꺼내는 동시에 움직이는 바구니를 주시해야 하므로 시각-운동협응력이 발달합니다. 초등학교 입학을 앞둔 7세 때는 연필로 글씨나 숫자를 쓰는 연습을 많이 하는데 이때 눈과 손의 협응능력이 꼭 필요합니다. 따라서 시각-운동협응력을 높일 수 있는 놀이를 많이 하는 것이 좋습니다.

감각통합&뇌 발달

아이는 움직이는 바구니를 보고(시각추적, 위치지각) 점점 멀어지는 바구니를 향해 던지는 힘의 세기와 거리를 조절하여(움직임조절, 민첩성, 집중력) 공을 던집니다(시운동협응, 성취감).

운동기능	균형감각	운동계획	신체협응	움직임조절	민첩성
시지각	시각주의력	시각추적	위치지각	시각기억력	시운동협응
인지	집중력	조직화	성취감	자신감	문제해결력

회전 점프하기

QR코드로 활동
동영상을 확인하세요.

준비물 훌라후프 5개, 마스킹테이프

사전 준비

☑ 훌라후프를 바닥에 나란히 줄을 맞춰 놓습니다.

☑ 마스킹테이프로 훌라후프의 안쪽을 반으로 나눠서 표시해요. 각각 다른 방향(가로, 세로, 대각선)으로 표시하는 것이 좋아요.

☑ 제자리에서 몸의 방향을 전환하여 여러 방향으로 점프할 수 있는지 확인해요.

✚ 아이가 몸의 방향을 전환하여 점프하기 어려워하면 부모가 앞에서 손을 잡아주어 몸의 방향을 돌릴 수 있게 도와줍니다.

⚡ 초간단 놀이법

1. 훌라후프 안의 선을 밟지 않고 한 칸에 한 발씩 넣고 서요.

2. 훌라후프 방향에 따라 몸통을 돌리면서 두 발로 점프해서 다음 훌라후프로 이동해요. 이렇게 마지막 훌라후프까지 가요.

🗨 아동발달전문가의 조언

이 놀이에서 아이가 몸통을 회전하려면 먼저 훌라후프의 전체 공간을 알고 그 공간이 반으로 나뉘어 있다는 것을 인식해야 합니다. 그리고 몸이 자유자재로 회전하려면 몸통이 안정적이어야 합니다. 안정적인 몸통은 균형을 유지하고 자세를 조절하는 데 큰 역할을 하며 일상생활에서의 효율적인 움직임을 위해서도 매우 중요합니다. 몸통이 안정되면 팔과 다리를 조화롭게 움직일 수 있으니까요. 몸통의 안정화를 위해 가정에서 간단하게 할 수 있는 운동으로 브릿지 운동을 추천합니다. 브릿지는 바닥에 등을 대고 누워서 양쪽 팔은 바닥에 붙이고 무릎은 구부린 채로 엉덩이를 천천히 들어올리는 자세로, 이 자세를 한 번에 30초 정도 유지하는 운동을 매일 10번씩 하면 몸통의 힘을 기르는 데 효과적입니다.

감각통합&뇌 발달

훌라후프에 표시된 선의 방향을 보고(시각주의력) 몸통을 회전하면서 두 발로 점프하여(균형감각, 움직임조절) 다음 훌라후프로 이동합니다 (운동계획, 시운동협응, 규칙이해).

운동기능	균형감각	운동계획	신체협응	움직임조절	민첩성
시지각	시각주의력	시각추적	위치지각	시각기억력	시운동협응
사회성	적응력	상호작용	협동심	규칙이해	사회적기술

감각　운동기능　시지각　언어　인지　정서　사회성

푸시업 자세로 공 넣기

⋮ 준비물 볼풀공 5개, 넓은 바구니 1개, 놀이매트

QR코드로 활동
동영상을 확인하세요.

⌈⌉ 사전 준비

☑ 바구니는 아이 앞쪽에 놓고 볼풀공은 아이의 오른손(우세손) 쪽에 놓아요.

☑ 아이가 푸시업 자세로 엎드려서 안정적으로 10초간 유지할 수 있는지, 푸시업 자세에서 한 손씩 떼고 5초간 균형을 유지할 수 있는지 확인해요.

✚ 아이가 푸시업 자세에서 한 손씩 떼고 균형을 유지하기 어려워하면 부모가 아이의 골반을 잡아줍니다.

⚡ 초간단 놀이법

1. 푸시업 자세로 한 손은 바닥에 고정하고 다른 한 손으로 공을 잡아요.
2. 한 손으로 균형을 유지하면서 바구니에 공을 넣어요.

📋 아동발달전문가의 조언

이 시기에 아이들은 모양 따라 자르기, 종이접기 등 다양한 소근육 과제를 합니다. 그런데 소근육 기술을 향상하기 위해서 소근육 과제를 반복하여 연습하는 것보다 선행되어야 할 것은 상체의 안정성을 향상시키는 것입니다. 즉 어깨와 팔꿈치가 안정적이지 못한 상태에서 손가락의 힘을 기르는 기술만 익히게 되면 앉은 자세가 비뚤어지고 어깨에 힘이 잔뜩 들어가서 피로도가 높아집니다.

이 놀이에서 필요한 푸시업 자세는 상체의 안정성을 높이는 데 도움이 됩니다. 손과 발로 몸 전체를 지지해야 하기 때문에 상체에 힘이 생기지요. 푸시업 자세는 바닥에서 해도 되지만 벽에 대고 해도 됩니다. 유사한 활동으로는 책상이나 식탁 닦기, 무거운 문 두 손으로 밀기 등이 있습니다. 놀이에 익숙해지면 푸시업 자세에서 왼손, 오른손 교대로 공을 잡고 바구니에 던져서 난도를 높여보세요.

감각통합&뇌 발달

푸시업 자세에서 한 손으로 균형을 유지하고(균형감각) 다른 한 손으로 공을 잡아서 바구니를 향해 적절한 세기로 공을 넣습니다(움직임조절, 시운동협응).

운동기능	균형감각	운동계획	신체협응	움직임조절	민첩성
시지각	시각주의력	시각추적	위치지각	시각기억력	시운동협응
인지	집중력	조직화	성취감	자신감	문제해결력

공 바운스하기

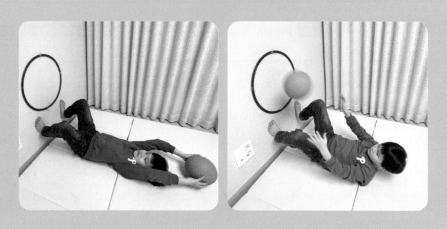

⠿ 준비물 탱탱볼 1개, 훌라후프(또는 마스킹테이프) 1개,
놀이매트

QR코드로 활동
동영상을 확인하세요.

⌐┘ **사전 준비**

☑ 벽에 훌라후프를 고정해서 공을 튕길 곳을 만들어요. 높이는 누운 자세에서
고개를 들었을 때 아이의 눈높이 정도면 적당해요.

☑ 바닥에 매트를 깔고 등을 대고 누운 뒤 무릎을 굽혀서 발을 벽에 고정해요.

☑ 누운 자세에서 배꼽을 볼 수 있을 정도로 상체를 들고 안정적으로 10초간 유
지할 수 있는지 확인해요.

➕ 아이가 자세를 유지하기 어려워하면 등에 쿠션을 대주세요.

1. 두 손으로 공을 잡고 벽에 튕길 준비를 합니다.

2. 벽에 있는 훌라후프 안으로 공을 튕기고 돌아온 공을 잡아서 다시 튕깁니다.

➕ 동작이 익숙해지면 제한 시간과 횟수를 설정하여 난도를 높여주세요.

💬 아동발달전문가의 조언

이 놀이는 누워서 상체를 살짝 든 자세를 유지하고 벽에 공을 튕기는 운동기술이 필요합니다. 아이와 벽의 거리가 가깝기 때문에 빠르고 정확하게 공을 튕기고 받아야 하고 상체를 들어올린 자세를 유지하려면 코어근육의 힘도 필요합니다. 여기에서 운동기술보다 더 중요한 것은 놀이에 몰입하는 힘, 즉 집중력입니다. 활동에 집중하지 않으면 공을 훌라후프 안으로 정확히 던지는 것이 어렵고 공을 놓쳐 얼굴로 떨어질 수도 있습니다. 집중력은 아이가 성장하면서 기를 수 있는 능력으로 학습의 기초가 되고 사회성에 영향을 줍니다. 집중력은 노력에 따라 향상될 수 있고 환경의 변화와 아이의 의지로 높일 수 있으니 집중력을 기를 수 있는 다양한 놀이를 많이 경험하는 것이 좋습니다.

감각통합&뇌 발달

누워서 상체를 들어올린 자세를 유지하면서(균형감각, 신체협응) 벽에 있는 훌라후프 안으로(시각주의력, 위치지각, 집중력) 공을 튕기고 잡습니다(시운동협응, 성취감).

운동기능	균형감각	운동계획	신체협응	움직임조절	민첩성
시지각	시각주의력	시각추적	위치지각	시각기억력	시운동협응
인지	집중력	조직화	성취감	자신감	문제해결력

감각 운동기능 시지각 언어 인지 정서 사회성

랜덤 점프하기

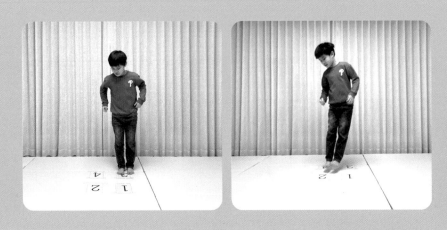

QR코드로 활동
동영상을 확인하세요.

⋮⋮ 준비물 1~4까지 숫자를 쓴 종이 4장, 셀로판테이프

⌜⌝ 사전 준비

☑ 바닥에 어른 손바닥 한 뼘 정도 간격으로 숫자가 쓰인 종이를 두 개씩 두 줄로 붙여요(1과 2는 앞줄, 3과 4는 뒷줄).

☑ 아이가 앞, 뒤, 옆으로 두발점프를 할 수 있는지 확인해요.

⚡ 초간단 놀이법

1. 부모는 아이에게 숫자를 듣고 기억해서 점프하는 규칙을 일러줍니다. 1부터 4

까지 숫자를 섞어서 불러줄 때 뛰는 순서가 특정 모양이 되도록 불러주는 것도 좋아요. (예시) Z 모양(1-2-3-4), N 모양(1-3-2-4), X 모양(1-4-3-2)

2. 아이는 부모가 불러주는 숫자 4개를 듣고 기억하여 순서대로 숫자 사이를 두 발점프해서 이동해요.

📋 아동발달전문가의 조언

이 놀이는 부모가 불러주는 숫자를 아이가 주의깊게 듣고 그 숫자 정보를 기억해서 수행해야 하는데 이것을 작업기억(working memory)이라고 합니다. 주의를 기울여 들은 정보를 뇌의 단기기억 창고로 전달하는 것이죠. 작업기억 용량은 아이의 연령에 따라 다른데 보통 5세부터 14세까지는 기억할 수 있는 정보의 양이 3~7개이고, 기억을 유지하는 평균 시간은 5~10분 내외입니다. 만약 작업기억 용량이 적으면 숫자 4개 중에 2개 정도만 기억합니다.

인지학습에 영향을 주는 작업기억 용량은 훈련을 통해 늘릴 수 있는데 그러려면 필요한 소리를 듣는 청각주의력을 먼저 훈련하는 것이 좋습니다. 응용 놀이로 숫자 대신 그림이나 도형 카드를 만들어 활동해도 좋습니다.

감각통합&뇌 발달
아이는 부모가 말한 숫자 4개를 듣고(청각주의력) 순서대로 숫자를 기억하여(집중력, 조직화) 두 발로 점프하여 이동합니다(운동계획).

운동기능	균형감각	운동계획	신체협응	움직임조절	민첩성
언어	청각주의력	말소리변별	언어이해	지시따르기	의사소통
인지	집중력	조직화	성취감	자신감	문제해결력

감각 　운동기능 　시지각 　언어 　인지 　정서 　사회성

점핑잭

⠿ 준비물 놀이매트

QR코드로 활동
동영상을 확인하세요.

⌐⌐ 사전 준비

☑ 부모는 아이에게 점핑잭 방법을 시범으로 보여주며 알려줍니다.

(동작) 팔은 가슴 높이만큼 옆으로 벌렸다 모으고, 동시에 두 다리는 살짝 점프하며 어깨너비만큼 옆으로 벌렸다 모으기

➕ 아이가 양쪽 팔과 다리를 동시에 벌렸다 모으기 어려워하면 팔만 벌렸다 모으거나 다리만 벌렸다 모으는 연습을 나눠서 해 보세요.

미리 횟수를 정한 다음 하나 둘 구령에 맞춰 점핑잭을 해요. 부모와 박자를 맞춰 함께해도 좋아요.

🗨 아동발달전문가의 조언

간혹 아이의 신체활동을 단순히 몸을 움직이는 것으로 생각하는 경우가 있습니다. 그러나 대근육을 이용하는 신체활동은 신체 건강뿐 아니라 학습에 지대한 영향을 미칩니다. 우리의 뇌는 움직이면서 성장하고 발달하기 때문이죠. 몸을 움직일수록 신경세포가 더 많이 연결되고 전반적인 정보 처리 능력이 향상됩니다. 그런데 갑자기 아이와 함께 운동을 하려고 하면 어떤 것부터 시작하면 좋은지 난감할 수 있습니다. 이때 작은 공간만 있으면 할 수 있는 운동으로 점핑잭, 스쿼트, 런지 등을 추천합니다. 이 운동들은 어른에게도 좋은 동작이니 부모가 아이에게 시범을 보여주면서 가족이 함께하면 더 좋습니다. 특히 점핑잭은 단순해 보이지만 전신의 모든 근력을 사용하는 고강도의 운동입니다. 기본 동작에 익숙해지면 양쪽 팔을 가슴 높이가 아닌 머리 위로 올려 손뼉을 치면서 해도 좋습니다.

감각통합&뇌 발달
점프하면서(전정감각, 고유수용성, 균형감각) 두 팔과 두 다리를 동시에 벌렸다 모아(신체협응) 점핑잭 동작을 합니다(운동계획).

감각	촉각	청각	전정감각	고유수용성	시각
운동기능	균형감각	운동계획	신체협응	움직임조절	민첩성
사회성	적응력	상호작용	협동심	규칙이해	사회적기술

상자에서 공 탈출시키기

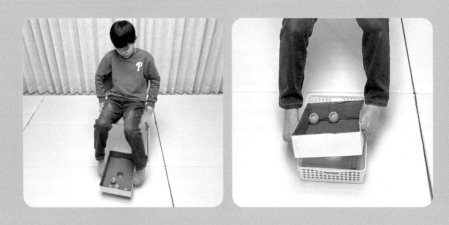

∴ 준비물 탁구공 크기보다 약간 큰 구멍을 뚫은 상자 1개,
탁구공 5개, 성인용 의자 1개, 넓은 바구니 1개

QR코드로 활동
동영상을 확인하세요.

사전 준비

☑ 의자에 앉은 아이 앞에 바구니를 놓고 그 위에 탁구공이 든 상자를 놓아요.

☑ 상자를 발로만 움직여서 바구니에 공을 떨어뜨려 넣는 규칙을 일러줍니다.

☑ 아이가 두 발로 상자를 들고 10초간 유지할 수 있는지 확인합니다.

➕ 아이가 의자에 앉아서 두 발로 상자를 들기 어려워하면 둥글게 만 수건을 의
자 끝에 놓고 그 위에 앉아 다리 높이를 높여주세요.

1. 의자에 앉아서 탁구공이 든 상자를 두 발로 잡아요.
2. 두 발로 상자를 좌우로 움직여서 구멍 안으로 탁구공을 떨어뜨려요.

아동발달전문가의 조언

이 시기 아이들은 학령기를 앞두고 익숙하지 않은 활동을 해야 하는 상황을 종종 만나게 됩니다. 처음에는 즐겁게 새로운 과제에 도전하지만 더 많은 감각 처리가 요구되고 더 세밀한 신체 조절을 필요로 하는 활동을 하며 여러 번 실패를 경험하다 보면 좌절감을 느끼고 새로운 과제를 피하려고 할 수 있습니다. 특히 환경이나 자극에 민감한 아이들은 새로운 환경에 놓였을 때 당황하고 긴장하기 때문에 놀이를 통해 새로운 시도와 경험을 많이 해 보는 것이 좋습니다.

이 놀이는 두 발로 상자를 들고 움직여서 탁구공을 구멍 안으로 떨어뜨리는 활동으로 평소에 접하기 어려운 놀이입니다. 따라서 놀이 과정에서 많은 정보를 처리하고 신체조절을 연습하게 됩니다. 탁구공이 구멍으로 떨어졌을 때 성취감을 느낄 수 있는 것도 큰 장점이고요.

감각통합&뇌 발달
의자에 앉아서 상자를 두 발로 잡고(균형감각) 탁구공이 움직이는 것을 보면서(시각추적) 발의 움직임을 조절하여(집중력, 움직임조절, 시운동협응) 구멍으로 탁구공을 떨어뜨립니다(성취감).

운동기능	균형감각	운동계획	신체협응	움직임조절	민첩성
시지각	시각주의력	시각추적	위치지각	시각기억력	시운동협응
인지	집중력	조직화	성취감	자신감	문제해결력

주사위 동작 박스

⠿ 준비물 큰 주사위 1개

⌐⌐ **사전 준비**

☑ 아이와 함께 1~6까지 숫자마다 하나씩 모두 6가지 동작을 만들고 부모가 시범을 보여요. 아이가 하고 싶은 동작으로 정해도 좋아요.

(예시) 1은 한 발 뛰기, 2는 팔 벌려 뛰기, 3은 앉았다 일어나기, 4는 제자리 점프 3회, 5는 손뼉 한 번 치기, 6은 제자리에서 한 바퀴 돌기

☑ 아이에게 숫자마다 정해진 동작을 기억해서 움직이는 규칙을 일러줍니다.

주사위를 던져서 나온 숫자에 해당하는 동작을 떠올려서 수행해요.

💬 아동발달전문가의 조언

이 놀이는 1~6까지 숫자와 매칭한 6가지 동작을 기억하여 그대로 해 보는 활동입니다. 부모의 시범을 눈으로 보고 기억하기 위해서는 시각주의력이 필요하고, 동작에 대한 설명을 귀로 듣고 기억하기 위해서는 청각주의력이 필요합니다. 이 놀이를 할 때 부모가 주의할 점은 아이가 숫자에 해당하는 동작을 한 번에 잘 해내지 못하더라도 부정적인 피드백을 하지 않는 거예요. 아이들은 부정적인 피드백을 받으면 자신감이 떨어지고 정서적으로 불안해져 점점 자신의 능력을 발휘하기 어려워집니다. 특히 에너지 수준이 높거나 주의력이 짧은 아이들은 정보가 작업기억으로 들어오기 전에 사라지는 경우가 잦아서 많은 연습이 필요합니다. 아이마다 집중력을 유지할 수 있는 시간이 다르므로 아이의 평균 집중시간을 먼저 파악하세요. 아이의 작업기억을 높이려면 최대한 간결하게 설명하거나 앞에 설명한 내용을 받아들이고 기억하는 시간을 주는 것이 좋습니다.

감각통합&뇌 발달
놀이 규칙에 따라(규칙이해) 주사위를 던져서 나온 숫자에 해당하는 동작을 기억해서(집중력) 움직입니다(놀이경험, 자신감).

인지	집중력	조직화	성취감	자신감	문제해결력
정서	정서적안정	놀이경험	감정표현	감정조절	자기조절력
사회성	적응력	상호작용	협동심	규칙이해	사회적기술

수건 바꾸기

준비물 매듭을 묶은 수건 1개

사전 준비

☑ 부모는 수건을 들고 아이와 어른 걸음 2보 정도 떨어져서 마주 보고 서요.

초간단 놀이법

부모가 아이 쪽으로 수건을 던지면 아이는 수건이 바닥에 떨어지기 전에 빨리

잡고 부모와 자리를 바꿔요.

이 놀이는 부모가 위로 던진 수건을 보면서 수건이 떨어지기 전에 잡고 부모와 빠르게 자리를 바꾸는 활동입니다. 이 활동에서 가장 필요한 능력은 시각-운동 협응력과 민첩성입니다. 수건을 빨리 잡고 바로 부모와 자리를 바꿀 수 있어야 하기 때문입니다.

시각-운동협응력은 친구들과 마주 보고 서서 공을 던지고 받거나, 풍선으로 배드민턴을 치는 놀이 등을 통해 기를 수 있습니다. 학령기 아이들은 다양한 만들기, 블록놀이, 퍼즐놀이 등 눈과 손이 같이 움직이는 활동을 많이 수행해야 하고, 친구들과 모여서 놀 때도 민첩한 움직임이 필요하니 이러한 놀이를 통해 경험을 쌓는 게 좋습니다.

부모는 이 놀이를 할 때 아이가 자신감을 쌓을 수 있도록 수건을 잘 잡을 수 있게 적절한 각도와 높이로 던져주는 것이 좋습니다. 아이가 이 놀이에 익숙해지면 난도를 높여보세요. 수건을 하나 더 준비하여 부모와 아이가 각각 수건을 가지고 동시에 던져서 서로 자리를 바꾸면서 수건을 잡는 놀이도 즐겁게 할 수 있는 놀이입니다.

감각통합&뇌 발달
수건이 바닥에 떨어지기 전에 빠르게 수건을 잡고(민첩성, 시각추적) 부모와 자리를 바꿉니다(운동계획, 시운동협응, 상호작용, 협동심).

운동기능	균형감각	운동계획	신체협응	움직임조절	민첩성
시지각	시각주의력	시각추적	위치지각	시각기억력	시운동협응
사회성	적응력	상호작용	협동심	규칙이해	사회적기술

동작 반대로 따라 하기

∷ 준비물 없음

⌐ ¬ 사전 준비
☑ 아이와 부모는 어른 걸음 2보 정도의 거리를 두고 마주 보고 서요.

☑ 부모는 아이에게 움직임을 반대로 따라 하는 규칙을 일러줍니다.

(예시) 부모가 일어서면 앉기, 부모가 왼쪽 팔을 뻗으면 오른쪽 팔 뻗기

⚡ 초간단 놀이법

부모가 아이에게 동작을 보여주면 아이는 반대로 따라 해요.

뇌는 신경을 통해 신체와 유기적으로 연결되고 통합되어 있습니다. 그래서 뇌와 몸은 상호적인 관계로 서로에게 영향을 미칩니다. 예를 들어 신호등을 보거나 자동차의 경적소리를 듣거나 꽃의 향기를 맡는 것처럼 외부 자극이 몸으로 들어올 때 뇌와 몸은 상호작용하여 반응합니다.

이 놀이는 부모가 보여주는 움직임을 보고 반대로 움직이는 활동으로 뇌와 몸을 같이 사용합니다. 예를 들어 부모가 왼쪽 팔을 뻗으면 아이는 반대쪽인 오른쪽 팔을 뻗는 것이죠. 부모의 행동을 보고 반대 움직임을 망설임 없이 바로 한다면 뇌와 몸의 통합이 잘 이루어지고 있는 것입니다.

초등학교 입학을 앞둔 7세가 되면 마음이 급해져서 학습의 양을 늘리고 인지학습에 몰두하는 경우가 많습니다. 물론 학교 적응을 위한 기본적인 학습은 필요하지만 의자에 앉아서 공부하는 시간만 길어지면 오히려 학습에 대한 흥미가 떨어질 수 있습니다. 그럴 때일수록 몸 놀이를 많이 해주세요. 신체 움직임을 동반한 놀이는 기억하고 회상하는 데도 도움이 됩니다. 또한 집중력과 학습에 대한 동기를 높여서 학습할 수 있는 최적의 뇌 상태를 만들 수 있습니다.

감각통합&뇌 발달
부모가 알려주는 놀이의 규칙을 듣고 이해하여(지시따르기, 규칙이해)
부모가 보여주는 동작을 보고(시각주의력, 시각기억력) 반대로 따라 합니다(상호작용).

시지각	시각주의력	시각추적	위치지각	시각기억력	시운동협응
언어	청각주의력	말소리변별	언어이해	지시따르기	의사소통
사회성	적응력	상호작용	협동심	규칙이해	사회적기술

상·하체 동작 합치기

상체 동작　　　　하체 동작　　　　상체 동작 + 하체 동작

⋮ 준비물 없음

☐ 사전 준비

☑ 아이가 하는 상체 동작과 부모가 하는 하체 동작을 합쳐서 동시에 하는 규칙
을 일러줍니다. (동작) 상체는 손을 머리 위에 올리고 하체는 제자리 걷기, 상체는
두 팔을 옆으로 벌렸다 모으고 하체는 두 다리를 동시에 벌렸다 모으기

⚡ 초간단 놀이법

1. 먼저 아이가 상체 동작을 하면 부모가 하체 동작을 합니다.

2. 부모의 하체 동작을 기억하여 "하나 둘 셋!" 하면 상체와 하체 동작을 합쳐 동시에 합니다.

✚ 서로 순서를 바꿔 동작을 수행해도 됩니다.

📑 아동발달전문가의 조언

아이들의 운동발달은 자아개념에도 많은 영향을 줍니다. 운동발달이 미숙한 아이들은 또래 친구들로부터 소외되기 쉬우며 친구들과 함께 노는 것에 두려움을 갖게 될 수도 있습니다. 이 시기 아이들에게 요구되는 운동발달 수준은 운동계획이 필요한 활동입니다. 운동계획은 특정한 동작을 만들어내기 위해 움직임을 계획하고 수행하는 능력으로 움직임을 순서대로 처리하는 것입니다. 예를 들어 줄넘기를 할 때는 줄 양쪽 끝을 손으로 잡고 앞으로 돌려서 줄이 바닥에 떨어지기 전에 두 발을 모아 줄을 넘어야 합니다. 그래야 줄을 한 번에 넘을 수 있습니다. 동작 합치기 놀이는 상체 동작과 하체 동작을 기억하고 움직임을 계획하여 두 가지 동작을 동시에 하는 활동입니다. 상체와 하체의 움직임을 연결하면서 신체 협응력도 발달시킬 수 있고 운동 수행능력도 향상됩니다.

감각통합&뇌 발달

아이는 부모가 알려준 규칙에 따라(언어이해, 지시따르기, 규칙이해) 부모가 보여주는 동작을 보고 기억하여 두 가지 동작을 합쳐서 동시에 움직입니다(운동계획, 신체협응).

운동기능	균형감각	운동계획	신체협응	움직임조절	민첩성
언어	청각주의력	말소리변별	언어이해	지시따르기	의사소통
사회성	적응력	상호작용	협동심	규칙이해	사회적기술

감각 　운동기능 　시지각 　언어 　인지 　정서 　사회성

움직임 가라사대

가라사대

●● 준비물 키친타월심

[ ] 사전 준비

☑ 아이와 부모는 어른 걸음 2보 정도의 거리를 두고 마주 보고 서요.

☑ 아이에게 부모의 말에 '가라사대' 말이 들어갈 때만 움직이는 규칙을 일러 줍니다.

예시 부모가 "가라사대 한 손을 앞으로 뻗으세요."라고 말하면 아이는 손을 뻗기, 부모가 "앉으세요."라고 말하면 아이는 움직이지 않기 부모가 '가라사대'가 들어간 말과 아닌 말을 섞어서 말하면 아이는 그에 따른 움직임을 합니다.

✚ 아이가 놀이에 익숙해지면 아이와 부모가 역할을 바꾸어 해 봅니다.

📑 아동발달전문가의 조언

대부분의 정보는 시각자극과 청각자극으로 우리 몸에 들어와서 자극을 인지하고 이해하면서 뇌를 발달시킵니다. 그러나 디지털 시대에서 성장하는 요즘 아이들은 화려한 시각자극에 주의력을 빼앗겨 청각자극을 인지하는 기회가 줄었습니다. 청각자극을 인지하는 것은 다른 사람의 말소리를 듣고 이해하기 위한 첫 번째 단계입니다. 듣기 훈련이 되어 있지 않으면 주의 깊게 듣는 것이 어렵고 들은 내용을 이해하는 것은 더 힘듭니다. 따라서 한 번에 문장을 듣고 이해하기 어렵거나 지시를 듣고 몸으로 동작을 만드는 데 시간이 걸리는 아이는 청각주의력을 높이기 위해 주의를 기울여 지시를 수행하는 연습이 필요합니다. '청기 올려, 백기 내려'도 청각주의력을 높이는 데 효과적인 놀이입니다.

감각통합&뇌 발달
놀이의 규칙을 이해하고(규칙이해) 부모가 말하는 특정 언어를 구별하여(청각주의력, 언어이해, 집중력) 언어 지시에 따라 움직입니다(지시따르기, 상호작용).

언어	청각주의력	말소리변별	언어이해	지시따르기	의사소통
인지	집중력	조직화	성취감	자신감	문제해결력
사회성	적응력	상호작용	협동심	규칙이해	사회적기술

콩주머니 비석치기

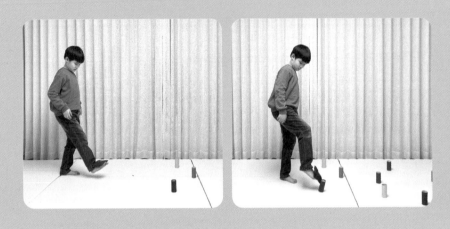

⠿ 준비물 콩주머니 1개, 비석으로 사용할 휴지심 5개 이상

⌐⌐ 사전 준비

☑ 아이 앞에 다양한 거리를 두고 휴지심 비석을 세워요. 가장 먼 휴지심은 어른

걸음으로 2~3보 정도 거리면 적당해요.

☑ 아이가 선 자세에서 한쪽 다리를 들고 안정적으로 10초간 균형을 유지할 수

있는지, 한쪽 다리를 들고 발목을 위아래로 굽혔다 펼 수 있는지 확인해요.

✚ 아이가 한쪽 다리를 들고 발목을 움직이기 어려워하면 벽이나 의자를 잡고 서

서 발목의 움직임을 조절해 보는 연습을 합니다.

1. 한쪽 발등 위에 콩주머니를 올리고 뒤꿈치로 조심히 비석 가까이 이동해요.
2. 비석 가까이에 서서 발등으로 콩주머니를 던져 비석을 넘어뜨려요.

📋 아동발달전문가의 조언

신체조절력은 자기조절력과 정서조절력으로 이어지고 이는 사회성 발달의 초석이 됩니다. 만약 아이가 필요로 하는 것을 매번 즉각적으로 해결해 주거나 아이의 요구를 무조건 들어주면 아이는 자기조절력과 정서조절력, 인내심을 기르는 경험을 할 기회가 부족해집니다.

이 놀이는 발등 위에 콩주머니를 올리고 콩주머니가 떨어지지 않게 조심히 이동하여 발목과 다리의 힘으로 콩주머니를 던져서 비석을 치는 활동입니다. 불안정한 발등 위에 아슬아슬하게 올라가 있는 콩주머니를 옮기는 것도 상당한 조절 능력이 필요하고 발목으로 비석을 치는 힘의 세기를 조절하는 능력도 필요하지요. 이러한 어려운 상황을 해결하는 과정을 통해 아이는 스스로 조절하는 힘을 키우게 되고 그 힘은 자신감과 성취감으로 발전하게 됩니다.

감각통합&뇌 발달

비석을 찾고(시각주의력, 위치지각) 발등에 콩주머니를 올려서 비석 가까이에 가서 발목의 움직임을 조절하여(균형감각, 신체협응, 움직임조절) 비석을 넘어뜨립니다(시운동협응, 놀이경험).

운동기능	균형감각	운동계획	신체협응	움직임조절	민첩성
시지각	시각주의력	시각추적	위치지각	시각기억력	시운동협응
정서	정서적안정	놀이경험	감정표현	감정조절	자기조절력

감각 　운동기능 　시지각 　언어 　인지 　정서 　사회성

폼폼 축구

⁞⁞ 준비물 중간 크기의 폼폼 1개, 긴 책상, 마스킹테이프

QR코드로 활동
동영상을 확인하세요.

⌐⌐ 사전 준비

☑ 책상의 양 끝에 마스킹테이프로 골대를 표시해요.

☑ 책상을 사이에 두고 아이와 부모가 마주 보고 앉아요.

☑ 부모는 아이에게 폼폼 축구의 규칙을 일러줍니다.

(규칙) 폼폼 공을 손으로 만지지 않기, 입으로 불어서 상대의 골대 안에 넣기, 자기 골대에 폼폼이 들어가지 않게 입으로 불어서 막기, 골을 넣으면 1점을 얻고 상대방에게 시작권 넘겨주기, 먼저 5점을 낸 사람이 승리

상대의 골대를 향해 폼폼을 불어 넣어요. 이때 내 골대에 폼폼이 들어오지 않게 입김을 불어 방어해야 합니다.

💬 **아동발달전문가의 조언**

아이는 또래와 놀이를 하면서 상호작용을 하고 사회성이 발달합니다. 또래와의 놀이가 서툴면 친구들과 노는 경험이 더 적어지고 혼자 노는 시간이 많아지지요. 그러니 불편하고 어려워도 또래와의 놀이에 많이 참여하는 것이 좋습니다. 이 놀이는 입으로 하는 축구입니다. 마주 보고 앉아서 공을 입으로 불어서 공을 넣고 수비도 해야 합니다. 이렇게 경쟁하는 놀이에서 아이들은 승패를 받아들이기 쉽지 않습니다. 지게 되면 떼를 쓰거나 이길 때까지 하자고 하니 부모는 점점 경쟁놀이를 피하고 싶어집니다. 그러나 아이가 힘들어하고 어려워하는 상황을 피하지 말고 놀이를 통해 충분히 경험하면서 질 수 있는 상황을 수용하고 대처하게 도와주세요. 그러다 보면 친구들과 함께하는 사회적인 상황에서 아이가 마주하는 어려움이나 문제점을 잘 다룰 수 있게 됩니다.

감각통합&뇌 발달
입으로 바람을 부는 세기와 방향을 조절하여(고유수용성, 집중력) 폼폼 공을 상대편의 골대에 넣습니다(성취감, 문제해결력, 놀이경험, 자기조절력)

감각	촉각	청각	전정감각	고유수용성	시각
인지	집중력	조직화	성취감	자신감	문제해결력
정서	정서적안정	놀이경험	감정표현	감정조절	자기조절력

림보 놀이

⠿ 준비물 길고 두꺼운 끈 1개(또는 줄넘기), 성인용 의자 1개

QR코드로 활동
동영상을 확인하세요.

⌐⌐ 사전 준비

☑ 줄의 한쪽 끝은 의자에 고정하고 부모는 의자에서 어른 걸음 2보 정도의 거리를 두고 한쪽 끝을 잡아요. 줄의 높이는 아이의 가슴 높이 정도면 적당해요.

☑ 줄이 몸에 닿지 않게 몸을 뒤로 젖혀 통과하는 림보 규칙을 일러줍니다.

⚡ 초간단 놀이법

줄의 높이를 확인한 후 몸을 뒤로 젖히고 앞으로 이동하여 줄을 통과합니다.

✚ 아이가 줄을 쉽게 통과하면 점점 줄의 높이를 낮춰서 해 봅니다.

🗐 아동발달전문가의 조언

림보 놀이는 줄 하나를 가지고 높이를 다르게 하여 균형감각, 유연성, 움직임조절까지 경험할 수 있는 활동입니다. 처음에는 줄의 높이를 살짝 고개만 젖혀도 쉽게 통과할 수 있게 하고 점점 줄의 높이를 낮추는 것이 좋습니다.

이 놀이를 할 때 아이에게 필요한 것이 운동계획입니다. 줄을 통과하기 전에 줄의 높이를 보고 어느 정도로 몸을 낮춰야 하는지, 어떤 자세로 통과해야 하는지 움직임을 계획해야 합니다. 줄의 높이가 낮아질수록 운동계획이 더 많이 필요하고 신체 근육과 관절을 더 많이 사용하게 됩니다. 많은 근육과 관절이 동원되면 신체의 다양한 감각을 자극하게 되고 신체를 인식하는 힘이 발달합니다.

엄마와 아빠가 줄을 한쪽씩 잡고 림보 놀이를 하는 것도 좋습니다. 아이는 부모에게 더 잘하는 모습을 보여주고 싶어서 최선을 다하고 성공했을 때 더 큰 성취감을 느낄 수 있습니다. 평소 실수를 두려워하는 아이라면 줄의 높이를 높여서 스스로 도전할 마음이 생기게 하는 것이 좋습니다.

감각통합&뇌 발달
줄이 몸에 닿지 않게 자세를 뒤로 낮추고 앞으로 이동하여(고유수용성, 움직임조절) 줄을 통과합니다(운동계획, 신체협응).

감각	촉각	청각	전정감각	고유수용성	시각
운동기능	균형감각	운동계획	신체협응	움직임조절	민첩성
사회성	적응력	상호작용	협동심	규칙이해	사회적기술

몸으로 풍선 띄우기

준비물 풍선 1개

QR코드로 활동
동영상을 확인하세요.

사전 준비

☑ 아이에게 부모가 말한 신체 부위의 순서대로 풍선을 떨어뜨리지 않고 쳐야
하는 규칙을 일러줍니다. 부모가 시범을 보여줘도 좋아요.

(예시) 발등-머리-어깨-무릎 순서대로 치기

초간단 놀이법

부모가 말한 순서를 기억하며 해당 신체 부위로 풍선을 띄워요.

몸으로 풍선을 띄우는 이 놀이는 풍선이 떨어지기 전에 계속 다른 신체 부위를 사용하여 다시 위로 띄워야 하기 때문에 순서를 잘 기억해야 하는 활동입니다. 아이는 이 놀이를 통해 순차적으로 움직이는 경험을 하게 되고 단순히 운동기능 향상이 아닌 운동조절을 경험할 수 있습니다. 예를 들어 부모가 '발등-머리-어깨-무릎'이라고 말하면 순서를 기억해야 할 뿐만 아니라 다음 신체 부위를 미리 생각하고 발등으로 풍선을 띄워야 합니다. 발등 다음 순서가 머리인데 머리는 발등보다 높게 있으니 풍선을 좀 더 높게 띄워야 한다는 생각을 해야하는 거죠. 그리고 풍선이 아래로 떨어지기 전에 해당 신체 부위를 풍선 아래에 대야 하기 때문에 신체도식이 잘 형성되어 있어야 하고 고도의 움직임조절능력이 요구됩니다.

아이가 이러한 방법으로 풍선 놀이를 하는 것이 처음이라면 한두 군데 신체 부위부터 연습하여 점점 신체 부위를 늘리는 것이 좋습니다. 만약 아이가 한 번에 신체 부위를 모두 기억하기 어려워한다면 풍선을 띄운 후에 "발등!", "머리!", "어깨!", "무릎!" 하고 신체 부위를 순서대로 알려주며 해도 좋습니다.

감각통합&뇌 발달

부모가 말한 신체 부위를 순서대로 기억하고(청각주의력) 움직임을 조절하여(움직임조절, 운동계획) 풍선이 바닥에 떨어지지 않게 해당 부위로 띄웁니다(민첩성, 시운동협응).

운동기능	균형감각	운동계획	신체협응	움직임조절	민첩성
시지각	시각주의력	시각추적	위치지각	시각기억력	시운동협응
언어	청각주의력	말소리변별	언어이해	지시따르기	의사소통

풍선 배구

⦂⦂ 준비물 풍선 1개, 종이컵 6개, 책상

QR코드로 활동
동영상을 확인하세요.

⌐⌐ 사전 준비

☑ 아이가 서 있는 위치에서 어른 걸음으로 3보 거리에 책상을 둡니다.

☑ 책상 위에 종이컵으로 성을 쌓아요. 아이와 함께 성을 쌓으면 더 좋아요.

☑ 아이에게 서브 넣는 동작을 알려줍니다. 부모가 시범을 보여줘도 좋아요.

(동작) 풍선을 위로 높게 띄우고 풍선을 앞으로 치기

➕ 아이가 풍선을 위로 던지고 치는 두 가지 움직임을 동시에 하기 어려워하면
부모가 풍선을 위로 띄워주고 아이가 앞으로 쳐도 좋아요.

322

⚡ 초간단 놀이법

풍선을 앞으로 세게 쳐서 종이컵 성을 맞춰 무너뜨려요.

💬 아동발달전문가의 조언

운동계획은 동작을 할 때 미리 머릿속으로 움직임에 대하여 생각하고 딱 맞는 움직임을 만드는 것입니다. 운동계획을 통해 움직임이 정교해지는데 이는 뇌의 전두엽에서 담당하는 기능입니다. 피아노를 처음 배울 때는 손가락 움직임이 서툴지만 반복적인 연습을 통해 점점 움직임이 좋아지고 의식하지 않아도 정확하게 건반을 칠 수 있게 되는 것도 운동계획과 관련이 있습니다.

이 놀이는 배구에서 서브하듯이 풍선을 위로 올려서 띄우고 바로 이어서 팔을 풍선의 높이만큼 들어서 풍선을 앞으로 쳐서 종이컵을 맞춰야 합니다. 이 모든 움직임에 대한 계획을 하고 순서대로 수행해야 자연스러운 움직임이 만들어집니다. 이러한 운동계획은 새로운 움직임을 배울 때 반드시 필요한 것으로 전정감각과 고유수용성감각의 통합이 잘 이루어지면 적절한 운동계획을 세울 수 있게 됩니다.

감각통합&뇌 발달

종이컵 성을 향해(위치지각) 풍선을 위로 올리고 앞으로 세게 쳐서(운동계획, 시운동협응, 움직임조절) 종이컵을 모두 무너뜨립니다(성취감, 자신감).

운동기능	균형감각	운동계획	신체협응	움직임조절	민첩성
시지각	시각주의력	시각추적	위치지각	시각기억력	시운동협응
인지	집중력	조직화	성취감	자신감	문제해결력

계란판에 탁구공 던지기

:: 준비물 계란판(30구) 1개, 큰 주사위 1개, 탁구공 5개 이상,
네임펜(또는 보드마카)

QR코드로 활동
동영상을 확인하세요.

⌐¬ 사전 준비

☑ 계란판 칸 안에 1부터 6까지의 숫자를 불규칙하게 여러 개 써놓아요.

☑ 아이는 계란판 앞에 어른 걸음으로 1보 거리를 두고 섭니다.

⚡ 초간단 놀이법

1. 주사위를 던져 숫자를 확인해요.

2. 주사위 숫자를 계란판에서 찾아 확인하고 그 숫자를 향해 탁구공을 던져요.

✚ 공이 계속 계란판의 숫자 칸에 맞게 들어가지 않으면 아이와 계란판의 거리를 좁히거나 계란판에 숫자를 더 많이 써서 다시 시도해요.

🗩 아동발달전문가의 조언

아이들의 뇌 발달 과정과 집중력은 밀접한 관계가 있습니다. 전두엽의 구조와 기능이 발달하는 초등학교 입학 시기가 되면 학습을 하고 문제를 해결하는 데 밑거름이 되는 집중력이 생깁니다. 집중력은 환경에 따라 훈련으로 키울 수 있습니다. 그러나 이 시기는 집중력의 첫 단추를 끼는 과정이므로 인지학습을 위한 환경보다는 주어진 놀이나 과제에 집중할 수 있는 환경을 만들어 집중력을 키우는 게 더 좋습니다.

이 놀이는 계란판에서 주사위 던지기로 나온 숫자를 찾고 그 숫자 칸에 정확하게 탁구공을 던져야 하는 활동입니다. 물론 탁구공이 원하는 숫자 칸에 들어가지 않을 수도 있고 계란판 밖으로 튕겨 나갈 수도 있어요. 이때 부모는 재촉하지 말고 아이가 다시 시도하게 격려하고 기다려줘야 합니다. 집중력을 발휘하는 데 있어 정서적 안정만큼 중요한 건 없으니까요.

감각통합&뇌 발달
놀이의 규칙을 이해하고(규칙이해) 계란판에 써 있는 숫자를 보고(시각주의력) 힘과 거리를 조절하여 숫자 칸으로 공을 던집니다(시운동협응, 집중력, 성취감).

시지각	시각주의력	시각추적	위치지각	시각기억력	시운동협응
인지	집중력	조직화	성취감	자신감	문제해결력
사회성	적응력	상호작용	협동심	규칙이해	사회적기술

다리 사이로 8자 만들기

⦙⦙ 준비물 탱탱볼 1개

QR코드로 활동
동영상을 확인하세요.

⌐⌐ 사전 준비

☑ 아이는 다리를 어깨 너비만큼 벌리고 공을 들고 서요.

☑ 부모는 아이에게 다리 사이로 8자를 그리며 공을 옮기는 방법을 알려줍니다.
시범을 보여주면 더 좋습니다.

➕ 아이가 다리 사이로 공을 옮기는 것을 어려워하면 조금 더 넓게 다리를 벌려
서 다리 사이의 공간을 확보하도록 도와주세요.

8자 모양이 그려지도록 다리 사이로 공을 뒤로 옮겨 오른쪽 다리를 돌아 앞으로 가지고 온 뒤, 다시 다리 사이를 통과해 왼쪽 다리를 돌아 앞으로 가지고 나옵니다. 이 과정을 반복하세요.

💬 **아동발달전문가의 조언**

이 시기 아이들은 또래와 노는 것도 좋아하고 축구, 야구, 농구 등 다양한 스포츠에 관심을 가집니다. 공을 가지고 하는 구기 운동은 대부분 운동기술을 필요로 합니다. 운동기술은 축구를 할 때 공을 차거나 농구를 할 때 드리블을 하는 것처럼 몸을 효율적이고 능숙하게 움직여서 목표로 하는 동작을 상황에 맞게 만들어내는 능력입니다. 이 놀이는 농구에서 다리 사이로 드리블하듯 공을 앞에서 뒤로 옮기고 다시 앞으로 옮겨 받는 활동입니다. 오른손과 왼손을 교대로 움직여서 공을 옮겨야 하므로 양손의 조작능력이 필요하고 손에서 손으로 공을 옮길 때 힘의 조절도 필요합니다. 고난도의 운동기술이 요구되는 만큼 뇌는 이 과정에서 신경세포들의 연결을 강화합니다.

감각통합&뇌 발달

다리를 벌리고 균형을 유지하여(전정감각, 균형감각) 두 다리 사이로 두 손을 교대로 움직여서(고유수용성, 움직임조절, 시각주의력) 8자 모양으로 공을 옮깁니다(운동계획, 시운동협응).

감각	촉각	청각	전정감각	고유수용성	시각
운동기능	균형감각	운동계획	신체협응	움직임조절	민첩성
시지각	시각주의력	시각추적	위치지각	시각기억력	시운동협응

컵으로 탁구공 받기

∷ 준비물 탁구공 1개, 일회용 플라스틱 컵 1개

QR코드로 활동
동영상을 확인하세요.

⌐┐ 사전 준비

☑ 탁구공을 일회용 플라스틱 컵 안에 넣은 후 컵을 들고 서요.

☑ 아이가 탁구공을 위로 던졌다 손으로 잡을 수 있는지, 탁구공 없이 컵을 잡고 팔을 위아래로 움직일 수 있는지 확인해요.

⚡ 초간단 놀이법

1. 컵을 위로 움직여 탁구공을 눈높이보다 높게 띄워요.

2. 떨어지는 탁구공을 적절한 타이밍에 컵으로 받아요.

 아동발달전문가의 조언

위아래로 컵을 움직여서 컵 안에 있는 탁구공을 위쪽으로 띄웠다가 다시 컵으로 받으려면 팔꿈치, 손목, 손을 정교하게 움직여서 힘의 세기를 조절할 수 있어야 합니다. 아이가 힘의 세기를 조절하는 것을 어려워하면 탁구공이 원하는 대로 움직이지 않을 수 있어요. 그러나 여러 번 연습을 하다보면 점점 어느 정도의 세기가 적당한지 몸으로 느끼게 되고 자연스럽게 움직임의 정도와 운동 타이밍도 알게 됩니다. 뇌에서 알게 된 정보를 받아 몸이 반응하는 것이지요. 이처럼 어떤 동작이나 움직임을 반복하면 움직임에 익숙해지고 주어진 과제를 효율적으로 해낼 수 있습니다.

아이가 컵으로 탁구공을 올리고 받는 동작을 어려워하면 부모가 아이의 손을 잡고 컵을 위아래로 움직이며 움직임에 익숙해지도록 도와주세요. 이 놀이가 익숙해지면 난도를 높여 컵 안에 탁구공 두 개를 넣고 집중하여 시도해 보는 것도 좋습니다.

감각통합&뇌 발달

힘의 세기를 조절하여(움직임조절) 컵에 담긴 탁구공을 위로 띄우고 떨어지는 탁구공을 보고(시각추적) 바닥에 떨어지지 않게 빠르게 컵으로 받습니다(집중력, 민첩성, 시운동협응).

운동기능	균형감각	운동계획	신체협응	움직임조절	민첩성
시지각	시각주의력	시각추적	위치지각	시각기억력	시운동협응
인지	집중력	조직화	성취감	자신감	문제해결력

탁구공 사격

•• **준비물** 가운데를 오려 낸 종이접시 1개, 탁구공 1개, 낚싯줄

⌐⌐ **사전 준비**

☑ 가운데를 오려 낸 종이접시를 아이 눈높이보다 약간 높게 천장에 매달아요.

☑ 아이는 종이접시에서 어른 걸음으로 2보 거리에 섭니다.

⚡ **초간단 놀이법**

종이접시 구멍을 보고 조준하여 탁구공을 던져 넣어요.

➕ 구멍을 조준하기 어려워하면 거리를 좁혀 다시 시도해요.

탁구공 사격 놀이는 가운데 구멍을 뚫은 종이접시를 아이 눈높이보다 약간 높게 천장에 매달고 구멍 안으로 탁구공을 던져서 통과시키는 활동입니다. 이 놀이는 구멍의 정확한 위치를 찾는 능력과 목표물을 조준하는 능력을 기를 뿐만 아니라 집중력도 높일 수 있습니다. 구멍이 작을수록 구멍 안으로 탁구공을 통과시키기 위해 더 집중해야 하고 더 세밀하게 조준해야 하는데 이렇게 집중하는 경험은 많으면 많을수록 좋습니다.

이 시기에는 전두엽이 발달하는데 일상에서의 작은 경험이 뇌 발달에 큰 영향을 줍니다. 신발 가지런히 정리하기나 식탁에 숟가락, 젓가락 놓기 등 가정에서 아이가 할 수 있는 어렵지 않은 역할을 주면 아이는 그 역할을 매일 해내는 경험을 통해 끈기를 배우고 자기주도성을 가지게 됩니다.

이 놀이에 익숙해졌다면 종이접시 여러 개를 높이가 다르게 매달아 놓고 종이접시 높이에 맞춰 다양한 자세(쪼그려 앉기, 엎드리기)로 던져 넣는 놀이로 변형해도 좋아요. 실외에서 활동이 가능하다면 손수건을 걸어놓고 물총으로 빨리 적시기 놀이를 해 보세요. 아이의 놀이 만족도가 훨씬 커집니다.

감각통합&뇌 발달
종이접시와 나의 거리를 파악하고(위치지각) 종이접시의 구멍을 조준하여(시각주의력) 공이 구멍 안으로 들어갈 수 있게 던집니다(움직임조절, 집중력, 시운동협응, 성취감).

운동기능	균형감각	운동계획	신체협응	움직임조절	민첩성
시지각	시각주의력	시각추적	위치지각	시각기억력	시운동협응
인지	집중력	조직화	성취감	자신감	문제해결력

훌라후프 옮기기

⠿ 준비물 놀이매트, 아동용 의자 2개, 훌라후프 5개

QR코드로 활동
동영상을 확인하세요.

⌞⌝ 사전 준비

☑ 매트 위에 윗몸일으키기 준비 자세로 누워요.

☑ 의자는 아이 머리 위쪽과 발 아래쪽에 1개씩 두세요.

☑ 아이 머리 위쪽에 있는 의자에 훌라후프를 모두 걸어두어요.

☑ 아이가 누운 자세에서 상체를 일으킬 수 있는지 확인해요.

✚ 아이가 상체를 일으키는 것을 어려워하면 아이의 무릎을 부모의 다리로 안

정감 있게 잡아준 상태에서 아이의 손을 당겨 상체를 세우는 연습을 해 봅니다.

1. 누워서 머리 위쪽 의자에 걸려있는 훌라후프를 하나 잡아요.

2. 윗몸을 일으켜 세워 훌라후프를 발 아래쪽 의자에 걸어요.

📋 아동발달전문가의 조언

초등학교 1학년은 학교에서 40분 동안 의자에 앉아 있어야 하고 선생님 말씀을 주의 깊게 듣는 등 여러 규칙을 따라야 합니다. 그렇지만 1학년 교실의 아이들을 관찰해 보면 의자에 오래 앉아 있는 것이 어려워 몸을 꿈틀대거나 엉덩이를 들썩거리는 아이들이 꽤 있습니다. 만약 아이의 집중력이 다른 아이들에 비해 금방 떨어진다면 몸의 균형을 잡아주고 바른 자세를 만드는 코어근육이 약해서 집중을 하고 싶어도 자꾸 상체가 앞으로 내려오거나 앉아 있는 것에 피로감을 느끼는 것은 아닌지 살펴볼 필요가 있습니다.

이 놀이는 윗몸일으키기의 변형으로 코어근육을 키우는 데 매우 도움이 되는 활동입니다. 이 놀이가 익숙해지면 바닥에 누워서 두 다리를 짐볼 위에 올리고 엉덩이를 들어올리는 브릿지 자세를 해 봅니다.

감각통합&뇌 발달

누워서 훌라후프를 잡고 윗몸을 일으켜서(전정감각, 고유수용성, 신체협응) 반대쪽 의자로 훌라후프를 모두 옮깁니다(움직임조절, 위치지각, 시운동협응).

감각	촉각	청각	전정감각	고유수용성	시각
운동기능	균형감각	운동계획	신체협응	움직임조절	민첩성
시지각	시각주의력	시각추적	위치지각	시각기억력	시운동협응

딱지치기

준비물 두꺼운 종이로 접은 딱지 2개, 마스킹테이프

QR코드로 활동
동영상을 확인하세요.

사전 준비

☑ 마스킹테이프로 딱지치기할 공간을 표시하고 아이와 부모가
딱지를 하나씩 나눠 가져요.

➕ 아이와 함께 딱지를 직접 만들어서 준비하면 소근육 발달에
도움이 됩니다.

☑ 아이가 딱지 치는 방법을 알 수 있도록 시범을 보여줍니다.

아이와 부모가 번갈아가며 바닥에 있는 상대방 딱지를 향해 자기 딱지를 내려쳐서 상대방 딱지를 뒤집어요.

📑 아동발달전문가의 조언

딱지치기는 쉬워 보이지만 직접 해 보면 생각만큼 쉽지 않아요. 손에 딱지를 쥐고 상대방의 딱지를 조준하여 팔을 높이 들어서 정확하게 내려쳐야 하는데 팔을 높이 올릴수록 힘은 세지지만 정확도가 떨어지기 때문에 바닥에 있는 딱지와의 거리 조절과 힘 조절이 필요하지요. 눈은 목표하는 딱지를 주시해야 하고 딱지를 쥐지 않은 손으로 균형을 잡아야 합니다.

이 놀이의 목적은 승부를 내는 것이 아니라 즐거운 놀이를 경험하는 것이기 때문에 이기고 지는 것에 대한 승부욕으로 놀이의 목적을 잃지 않도록 주의해야 합니다. 아이들은 놀이를 통해 다양한 감정을 배우고 조절하는 경험을 하게 되니 아이의 부정적인 감정도 무시하지 않고 잘 다룰 수 있게 도와서 부모나 또래 친구들과 노는 것에 자신감이 생길 수 있게 합니다.

감각통합&뇌 발달
딱지치기의 규칙을 이해하고(규칙이해, 놀이경험) 상대편의 딱지를 쳐서 (집중력, 성취감) 놀이 과정에서 생기는 승패를 경험해 봅니다(감정조절, 사회적기술).

인지	집중력	조직화	성취감	자신감	문제해결력
정서	정서적안정	놀이경험	감정표현	감정조절	자기조절력
사회성	적응력	상호작용	협동심	규칙이해	사회적기술

감각　운동기능　시지각　언어　인지　정서　사회성

풍선 제기차기

:: **준비물** 풍선 1개, 병뚜껑 1개

QR코드로 활동
동영상을 확인하세요.

⌐⌐ 사전 준비

☑ 풍선을 불고 입구를 묶은 다음 풍선 꼭지에 병뚜껑을 넣어
서 풍선 제기를 만듭니다. 아이가 풍선을 직접 불어서 만
들면 더 좋아요.

☑ 부모는 아이에게 제기차기 방법과 규칙을 일러줍니다.

(규칙) 아빠다리 자세로 발로 차기, 제기를 손으로 잡지 않고
계속 차기

손으로 풍선 제기를 잡고 공중에 던진 다음 한 발을 올려 떨어지는 제기를 차요.

🗨 아동발달전문가의 조언

제기차기는 아이들이 좋아하지만 꽤 어려워하는 놀이 중 하나입니다. 제기를 잘 차려면 자세가 중요한데 한쪽 다리의 안쪽 근육을 사용하여 공중에서 아빠다리를 만들고 제기를 발의 안쪽에 닿게 해야 합니다. 아이들은 다리를 앞으로 뻗는 것에 익숙하므로 안으로 차는 낯선 자세에 적응이 필요합니다. 또한 제기가 위아래로 움직일 때 수직으로 시각추적을 해야 하고 공중에 떠 있는 제기를 보고 한쪽 발을 들어야 해서 눈과 발의 협응이 필요합니다.

풍선 제기가 여러 방향으로 움직여서 제기차기를 어려워하면 끈으로 매달아 고정해 주세요. 제기를 발이 아닌 손으로 공중에 띄우면서 어느 정도의 힘으로 제기를 다뤄야 하는지 감각을 익히는 것도 좋습니다. 놀이에 익숙해지면 응용 놀이로 두 발을 번갈아 제기를 차거나 부모와 발로 주고받기도 추천합니다. 시간을 정해 놓고 1분 안에 몇 개를 찰 수 있는지 세어보는 것도 좋은 방법입니다.

감각통합&뇌 발달

제기를 위로 올리고 한쪽 다리로 서서(균형감각, 신체협응) 제기가 떨어지기 전에(시각추적) 빠르게 움직임을 조절하여 연속으로 찹니다(민첩성, 시운동협응, 놀이경험).

운동기능	균형감각	운동계획	신체협응	움직임조절	민첩성
시지각	시각주의력	시각추적	위치지각	시각기억력	시운동협응
정서	정서적안정	놀이경험	감정표현	감정조절	자기조절력

닭싸움

⁘ 준비물 놀이매트

QR코드로 활동
동영상을 확인하세요.

⌐ ¬ 사전 준비

☑ 아이가 한쪽 다리를 올려서 두 손으로 잡고 안정적으로 10초간 자세를 유지할 수 있는지, 다리를 잡고 제자리에서 한 발로 뛸 수 있는지 확인해요.

➕ 아이가 닭싸움 자세를 이해하기 쉽게 부모가 시범을 보여주면 좋습니다.

☑ 아이에게 닭싸움 규칙을 일러줍니다.

규칙 한쪽 다리를 올려 두 손으로 잡고 한 발로 움직여서 상대를 밀어서 넘어뜨리기, 다리를 잡은 손을 놓쳐서 발이 바닥에 떨어지면 상대가 승리 아이와 부모 모두 닭싸움 자세를 취한 후 한 발로 뛰어서 닭싸움을 합니다.

✚ 아이가 넘어지지 않을 정도의 거리와 높이로 뛰도록 알려주세요.

📋 아동발달전문가의 조언

닭싸움은 놀이방법이 간단하여 어린이뿐만 아니라 청소년이나 어른도 즐기는 전통놀이예요. 한쪽 다리를 들고 안정적으로 균형을 잡을 수 있어야 하고 한쪽 다리로 자유자재로 움직일 수 있는 다리 힘이 필요하지요. 이 놀이는 몸 전체의 대근육을 사용하기 때문에 균형감각이 발달하고 지구력을 향상시킵니다.

이처럼 상대방과 경쟁을 하여 승패를 정하는 놀이는 놀이를 시작하기 전에 아이에게 놀이 규칙이나 지켜야 할 예의를 충분히 설명해 주세요. 다리를 잡고 있는 손을 놓치지 않아야 하고, 손으로 상대를 밀면 안 되고, 상대가 넘어지면 일으켜 줘야 한다는 것 등을 알려주고 시작하는 것이 좋습니다. 정해진 규칙을 이해하면 설령 지더라도 감정이 격해지지 않고 즐겁게 놀이를 마무리할 수 있습니다. 놀이에서 지면 웃긴 표정 짓기와 같이 재미있는 벌칙을 정하는 것도 좋습니다.

감각통합&뇌 발달

닭싸움 규칙을 이해하고(규칙이해, 놀이경험) 자세를 잡아(균형감각, 신체협응, 움직임조절) 놀이 과정에서 생기는 승패를 경험해 봅니다(감정조절, 상호작용, 사회적기술).

운동기능	균형감각	운동계획	신체협응	움직임조절	민첩성
정서	정서적안정	놀이경험	감정표현	감정조절	자기조절력
사회성	적응력	상호작용	협동심	규칙이해	사회적기술

점프 피구

:: 준비물 마스킹테이프, 탱탱볼 1개

⌈ ⌉ 사전 준비

☑ 놀이할 구역에 마스킹테이프를 둘러 표시해요.

☑ 부모는 아이에게 피구 규칙을 일러줍니다.

(규칙) 공이 굴러오면 몸에 닿지 않게 피하기, 표시한 구역은 넘어가지 않기

⚡ 초간단 놀이법

부모가 공을 굴리면 아이는 공의 방향을 잘 보고 폴짝 점프해서 피해요.

✚ 아이가 굴러오는 공의 방향에 따라 공을 피하기 어려워하면 언어적 힌트(피해)를 주어 방향을 찾을 수 있게 도와주세요.

🗩 아동발달전문가의 조언

피구는 또래와 함께하는 놀이이자 학교에서 흔하게 접할 수 있는 놀이입니다. 원래 피구는 일정한 구역을 정하고 구역 안에 있는 상대에게 공을 던져서 맞히는 놀이이지만 이 놀이는 부모가 여러 방향에서 굴리는 공을 피하는 활동입니다. 아이는 처음에는 앞으로 굴러오는 공만 피할 수 있으나 놀이가 익숙해지면 여러 방향에서 공을 굴려도 요리조리 피할 수 있게 됩니다.

아이가 굴러오는 공을 피하다가 발에 닿거나 피하다가 넘어지면 속상해할 수도 있어요. 이때 부모가 '아웃', '실패'와 같은 부정적인 표현을 쓰면 속상함을 더 키우게 됩니다. 부정적인 표현은 무조건 이기는 것이 중요하다는 암묵적인 메시지를 전달할 수 있으니 삼가야 합니다. 놀이 중에 승패에 몰두한 나머지 놀이가 과열되지 않도록 중심을 잡아주고 규칙을 잘 지켜서 안전하게 즐길 수 있게 하는 것도 부모의 몫입니다.

감각통합&뇌 발달
피구의 규칙을 이해하고(규칙이해, 상호작용) 부모가 굴리는 공의 방향을 보고(시각추적) 몸을 돌려서(위치지각, 시운동협응) 공을 피합니다 (운동계획, 민첩성).

운동기능	균형감각	운동계획	신체협응	움직임조절	민첩성
시지각	시각주의력	시각추적	위치지각	시각기억력	시운동협응
사회성	적응력	상호작용	협동심	규칙이해	사회적기술

야구 배팅하기

⁞⁞ 준비물 볼풀공 2~3개, 긴 막대(또는 신문지 막대) 1개,
넓은 바구니 1개

⌐⌐ 사전 준비

☑ 아이와 부모는 어른 걸음으로 2보 정도의 간격을 두고 마주 보고 섭니다.

⚡ 초간단 놀이법

1. 아이는 두 손으로 막대를 잡고 부모가 공을 던져주면 잘 보고 쳐요. 단순히 날아오는 공을 맞히는 것이 아니라 쳐서 날아갈 수 있도록 합니다.

2. 아이가 공을 치는 데 익숙해지면 부모는 여러 방향으로 공을 던져줍니다.

학령기 아이들은 필요한 운동기술을 배워서 실제 스포츠에 적용하게 되는데 이 때 운동을 학습하는 방법에 따라 운동에 두려움을 느낄 수도 있고 좋아할 수도 있습니다. 대부분의 아이에게는 운동이나 공부를 잘하고 싶은 마음과 잘할 수 있을까 걱정하는 마음이 공존합니다. 뭐든지 처음에는 낯설고 어려운 게 당연한데 연습해도 생각만큼 잘 안 되고 친구들은 잘하는데 나만 못하는 것 같으면 두려운 마음이 커집니다. 이럴 때 뇌는 더 높은 수준의 생각을 못 하게 합니다. 일종의 자기방어와 같지요. 따라서 아이가 처음 해 보는 스포츠를 접할 때는 잦은 실패가 두려움이 되지 않도록 지도해야 합니다.

야구에서 타자는 배트를 잡고 옆으로 서서 공이 날아오는 타이밍에 맞춰 스윙을 합니다. 적절한 스윙을 하려면 어깨가 유연하게 회전해야 하고 상체가 자유롭게 움직이기 위해 다리와 허리가 튼튼하게 받쳐줘야 합니다. "왜 못하지?", "다시 해 봐." 등의 두려움을 키우는 표현보다는 "몇 번만 더 해 보자.", "이 부분은 엄마가 도와줄게." 이런 식으로 구체적인 도움을 주는 것이 좋아요. 스윙 동작을 처음 익힐 때는 공을 고정해 놓고 치는 연습을 하는 것도 좋습니다.

감각통합&뇌 발달
부모가 던지는 공을 보고(시각주의력, 시각추적) 공이 가까이 온 타이밍에(집중력, 움직임조절) 팔과 다리를 협응하여 공을 칩니다(민첩성, 시운동협응, 성취감).

운동기능	균형감각	운동계획	신체협응	움직임조절	민첩성
시지각	시각주의력	시각추적	위치지각	시각기억력	시운동협응
인지	집중력	조직화	성취감	자신감	문제해결력

손바닥 탁구

⠶ 준비물 탁구공 1개, 긴 책상, 마스킹테이프

QR코드로 활동
동영상을 확인하세요.

⌐ 사전 준비

☑ 책상 중앙에 마스킹테이프로 네트를 표시하고 양쪽 끝에 아이와 부모가 마주 보고 앉아요.

☑ 부모는 아이에게 탁구 규칙을 일러줍니다.

규칙 가운데 선을 넘어 상대편 책상으로 탁구공을 튕겨서 공 주고받기, 탁구공을 상대편 책상으로 못 넘기거나 책상 밖으로 떨어뜨리면 1점 실점.

부모가 튕긴 탁구공을 손으로 튕겨서 다시 상대편 책상으로 넘기며 서로 공을 주고받습니다.

🗨 아동발달전문가의 조언

대부분의 스포츠는 건강한 경쟁과 협동심을 필요로 하기 때문에 사회성 발달에 좋습니다. 또한 어릴 때 여러 운동을 접하면 스포츠에 관심을 가지는 계기가 되고 부모와 함께 운동을 하면 공동의 관심사가 생겨서 부모와의 관계도 돈독해집니다. 이 놀이는 탁구를 변형한 놀이로 적당한 크기의 책상만 있으면 탁구채나 탁구대가 없어도 즐길 수 있는 활동입니다. 탁구공은 크기가 작고 가벼워서 통통 튀니 빠르고 정확하게 대처하려면 손의 조절능력이 필요합니다. 또한 움직이는 탁구공을 놓치지 않고 계속 주시하려면 탁구공을 따라 시각추적이 빠르게 이루어져야 합니다. 탁구공을 주고받는 속도가 빨라질수록 더욱 민첩하고 정교하게 움직여야 하니 집중력을 높이는 데도 도움이 됩니다. 손바닥으로 튕기기 어려워하면 종이컵으로 탁구공을 주고받는 종이컵 탁구를 해도 좋습니다.

감각통합&뇌 발달
부모가 튕기는 탁구공을 보고(시각추적, 시운동협응, 민첩성) 가운데 선을 넘어(위치지각) 맞은편 책상에 닿도록 적절한 세기로 튕겨서(움직임조절) 탁구공을 주고받습니다(규칙이해, 상호작용).

운동기능	균형감각	운동계획	신체협응	움직임조절	민첩성
시지각	시각주의력	시각추적	위치지각	시각기억력	시운동협응
사회성	적응력	상호작용	협동심	규칙이해	사회적기술

감각　운동기능　시지각　언어　인지　정서　사회성

꼬마야 꼬마야

⠿ 준비물 두꺼운 끈(또는 줄넘기) 1개

QR코드로 활동
동영상을 확인하세요.

⌐⌐ 사전 준비

☑ 부모나 친구가 줄의 양쪽 끝을 잡고 마주 보고 서요. 아이는 줄 가운데에 섭니다.

☑ 리듬에 맞춰 제자리에서 점프할 수 있는지 확인해요.

⚡ 초간단 놀이법

1. 돌려주는 줄의 높낮이를 파악하여 제자리에서 뛰어넘어요.

2. 긴 줄 줄넘기에 익숙해지면 '꼬마야 꼬마야' 노래를 부르며 노래에 맞춰 손을 올리거나 바닥을 짚는 등의 동작을 해요.

✚ 아이가 줄을 넘는 타이밍을 잡기 어려워하면 언어적 힌트(넘어, 지금이야)를 주어도 좋아요.

▤ 아동발달전문가의 조언

'꼬마야 꼬마야'는 여럿이 모여 긴 줄을 함께 넘는 놀이로 친구들과 함께하는 협동놀이입니다. 혼자만 잘 넘으면 되는 게 아니라 친구들과 함께 줄을 넘어야 합니다. 이런 과정에서 한마음으로 협동하고 한 팀이라는 생각과 서로에 대한 배려심이 생길 수 있지요. 또한 이 놀이는 줄넘기 줄을 무서워하는 아이나 줄넘기에 재미를 못 느끼는 아이가 줄과 친해지는 데도 도움이 됩니다.

긴 줄을 처음 접해보거나 다른 사람이 돌려주는 줄넘기를 처음 넘어본다면 먼저 긴 줄을 이용하여 림보 놀이를 해 보거나 긴 줄을 위아래나 좌우로 살살 흔들어주고 뛰어넘게 하는 것도 좋아요. 줄 없이 마주보고 서서 두 손을 마주 대고 동시에 점프하면서 리듬을 익히는 방법도 추천합니다.

감각통합&뇌 발달

부모가 돌려주는 줄이 발에 가까이 왔을 때(민첩성, 집중력) 줄을 밟지 않을 높이로 점프하여(운동계획, 신체협응) 줄을 뛰어넘습니다(협동심, 규칙이해).

운동기능	균형감각	운동계획	신체협응	움직임조절	민첩성
인지	집중력	조직화	성취감	자신감	문제해결력
사회성	적응력	상호작용	협동심	규칙이해	사회적기술

줄넘기

⠿ 준비물 아동용 줄넘기 1개

QR코드로 활동
동영상을 확인하세요.

⌐⌐ 사전 준비

☑ 아이의 키에 맞춰 줄의 길이를 조정합니다. 줄 가운데를 양발로 밟고 손잡이를 잡고 위로 당겼을 때 손잡이가 명치 정도에 오는 길이가 적당합니다.

⚡ 초간단 놀이법

1. 줄넘기를 든 손을 허리 양옆에 두고 손목으로 줄을 돌려요.

2. 무릎을 가볍게 굽히며 제자리에서 점프해서 줄을 뛰어넘습니다.

✚아이가 어려워하면 줄을 앞으로 넘기는 것과 점프하는 동작을 나눠서 연습합니다. 이때 언어적 힌트(넘겨, 뛰어)를 주어 움직임의 순서를 알려주세요.

🗨 아동발달전문가의 조언

초등학생에게 줄넘기는 키 성장에 도움이 되고 기본체력을 기를 수 있는 좋은 운동입니다. 많은 학교에서 줄넘기를 수행평가 항목으로 지정했을 정도이지요. 줄넘기를 잘하기 위해서는 기본적으로 균형감각이 있어야 하고 두 손으로 줄을 넘기는 동시에 두 발로 점프를 해서 줄을 넘어야 하므로 손과 발의 협응이 필요합니다. 또한 움직임이 연속적으로 이루어져야 하고 타이밍에 맞게 움직여야 하기 때문에 보이는 것과는 달리 높은 운동기능이 요구됩니다.

줄넘기를 처음 배운다면 줄 없이 양쪽 손목을 돌리면서 발꿈치를 들고 사뿐히 점프하는 연습을 해 봅니다. 이때 몸이 앞으로 굽혀지지 않고 팔이 몸에 붙지 않도록 자세를 잡아주세요. 어느 정도 움직임이 익숙해지면 줄을 앞으로 보내는 연습과 발 앞에 있는 줄을 넘는 연습을 나눠서 해 봅니다. 이렇게 손과 발을 따로 연습하다 보면 줄을 앞으로 넘기면서 동시에 뛰는 것이 가능해집니다.

감각통합&뇌 발달

서서 줄넘기 줄을 앞으로 넘기고 줄이 발 가까이 왔을 때(시각주의력, 위치지각) 두 발을 모아 점프하여(운동계획, 신체협응, 움직임조절) 줄넘기 줄을 넘습니다(성취감, 자신감).

운동기능	균형감각	운동계획	신체협응	움직임조절	민첩성
시지각	시각주의력	시각추적	위치지각	시각기억력	시운동협응
인지	집중력	조직화	성취감	자신감	문제해결력

7세~8세
뇌 자극·감각통합에 효과적인 4주 홈프로그램

발달 영역	1주	2주
민첩성 발달	책 피해서 점프하기(270쪽) 7세	수건 바꾸기(306쪽) 7세
집중력 발달	풍선 대포 놀이(282쪽) 7세	배에 콩주머니 올려 옮기기(278쪽) 7세
운동계획 발달	랜덤 점프하기(298쪽) 7세	상·하체 동작 합치기(310쪽) 7세
운동협응 발달	고리 펜싱(288쪽) 7세	점핑잭(300쪽) 7세

감각통합치료사 선생님이 제시하는 4주 홈프로그램입니다.
주차별 놀이를 주5회 하루 20분씩 재미있게 해 보세요.

*활동 사진에 표시한 나이는 활동 권장 나이입니다.

발달 영역	3주	4주
민첩성 발달	점프 피구(340쪽) 8세	손바닥 탁구(344쪽) 8세
집중력 발달	공 바운스하기(296쪽) 7세	탁구공 사격(330쪽) 8세
운동계획 발달	몸으로 풍선 띄우기(320쪽) 8세	줄넘기(348쪽) 8세
운동협응 발달	다리 사이로 8자 만들기(326쪽) 8세	풍선 제기차기(336쪽) 8세

두뇌 자극 몸 놀이 지침서

초판 1쇄 발행 2024년 5월 20일

지은이 | 송우진, 이승민, 정다효

펴낸이 | 박현주
책임 편집 | 김정화
디자인 | 인앤아웃
부모 모델 | 신문섭, 이승민
아이 모델 | 장하민, 주은서, 주지훈
인쇄 | 도담프린팅

펴낸 곳 | (주)아이씨티컴퍼니
출판 등록 | 제2021-000065호
주소 | 경기도 성남시 수정구 고등로3 현대지식산업센터 830호
전화 | 070-7623-7022
팩스 | 02-6280-7024
이메일 | book@soulhouse.co.kr

ISBN | 979-11-88915-75-0 13590